鎌仲監督 vs 福島大学1年生

――3.11を学ぶ若者たちへ

編著
鎌仲ひとみ
●
中里見 博

子どもの*社*ブックレット

※本書に登場する大学生の名前はすべて仮名です。

はじめに

本書は、「3・11」以後ますますご活躍《かつやく》が期待されている映像作家、鎌仲《かまなか》ひとみさんをお迎えして、2012年2月20日に長野県小布施《おぶせ》町でおこなわれた、福島大学行《ぎょう》政政策学類中里見《せいせいさくがくるいなかさとみ》教養演習のゼミの記録です。これは、原発事故後の福島大学で学ぶ若者たちに、鎌仲さんが贈ってくださった厳しくも愛情に溢《あふ》れるメッセージであると同時に、私が福島大学でゼミ生に対してなすことのできた最後の貢献《こうけん》でした。新作『内部被ばくを生き抜く』制作中の超ご多忙ななか、時間を割《さ》いてそれを可能にしてくださった鎌仲さんに、改めて心からのお礼を申し上げます。

2011年度の中里見教養演習（1年生対象）は、原発と原発事故をテーマにして1年間勉強しました。

2011年3月11日に原発震災が起きる以前から、原発をテーマにすることを決めており、4月から入学してくる新1年生に案内していました。事故が起き、テーマの「先見性《せんけんせい》」を指摘されたこともありましたが、私たち自身が原発事故の当事者になってしまった以上、厳しい現実と向き合う内容のゼミになることは必定《ひつじょう》であり、どれだけゼミ生が集まるか、かえって不安でした。しかし、15名（女性10名、男性5名）の勇気ある新1年生がゼミに参加してくれました。

ゼミでは、ゲスト講師を校費で招くことができました。鎌仲ひとみさんにゲスト講師をお願いした理由はいくつもあります。まず、鎌仲さんの映画『ヒバクシャ――世界の終わりに』と『六ヶ所村ラプソディー』をゼミで観たということがあります。

また、事故以前もそうですが、事故後においても、鎌仲さんは講演やインタビューなどにおいて、常に本質的な問いを発し、果敢《かかん》な問題提起をされていました。事故後の日本社会、特に福島を生きる学生にとって、原発をめぐる最も重要な問題を考えるには、鎌仲さんの問題意識を共有することがうってつけと思われました。

最後に、しかし最大の理由は、何といっても鎌仲さんの傑出《けっしゅつ》したコミュニケーション能力にありました。原発事故後の福島を覆《おお》う独特の「空気」には、原発事故をめぐる、いくつかのきわめて重要な問題を口にしにくいという雰囲気《ふんいき》があります。たとえば、私たちの健康被害のリスクがそうです。福島でくらし続けるうえで、だれもが真剣かつ深刻に話題にしなければならない問題の一つであるはずなのに、かえって口にすることが憚《はばか》られるのです（なぜそうなのかの理由も、鎌仲さんがゼミのなかで語られていると思います）。こうした最も微妙な問題を、鎌仲さんならば、学生に届く言葉と適切な知識で語ってくださるのではないか――いわば、自分にできなかったことを鎌仲さんの能力に期待したわけです。

その期待は、本書に記録されているとおり十二分に達成されました。学生たちも、長野県でのゼミ合宿という非日常の空間にあって、普段は口にしにくい質問でも積極的にできていたように感じました。とくに内部被曝《ひばく》と健康被害の問題について、大切なことを鎌仲さんがたくさん学生に伝えてくださっているのを横で聞きながら、私は深く感動していました。

また、鎌仲さんが、「今この福島で日本人が取り戻すべき最大のテーマは人権だ」と述べて語られた内容は、あまりにも鋭く、あまりにも的確《てきかく》で、驚異的《きょういてき》ですらありました。学生の用意した鎌仲さんへの最後の質問は、個人的に過ぎるかと若干《じゃっかん》心配でしたが、ご自身がガンのサバイバーである鎌仲さんが語ってくださった生き方や考え方それ自体がそのまま、福島で学ぶ学生たちへの、このうえなく大切なメッセージであり、エールとなったことにも、深い、深い感銘《かんめい》を受けました。

鎌仲さん、ありがとうございました。

私は、福島原発事故の被害者ですが、しかし同時に、若い学生たちに対して加害者としての責任も痛感しています。福島にいながら10年近くも、またこの国の主権者の一員として20年近くも、原発の問題に無関心であったことの責任は免《まぬが》れようもありません——そうした市民の無関心をこそ格好《かっこう》の養分として原発は増殖《ぞうしょく》してきたのですから。ゼミの場ではできなかった謝罪《しゃざい》をここでおこないたいと思います。希望に満ち、愉快《ゆかい》であるはずのみなさんの大学生活と未来を、不安とリスクに満ちたものにしてしまい申し訳ない——。

このゼミの学生はみな未成年ですから、54基もの原発の存在や今回の事故に対して、有権者《ゆうけんしゃ》としての政治責任はありません。みなさんはすべての大人から謝罪されるべきだし、全部の事柄《ことがら》について納得いく説明を受ける権利と、あらゆる適切な救済を受ける権利があります。ですが、もう1年もすると、みなさんもこの国の主権者の一員となり、原発問題への政治的な責任の一端《いったん》を分有《ぶんゆう》することになることも忘れてはなりません。

2月19日から1泊2日のゼミ合宿は、小布施の多くの方々のご厚意《こうい》によって、とびきり充実したものになりました。19日の鎌仲さんの講演会と夕食交流会にご招待くださった小西和実《こにしかずみ》さんほか実行委員会のみなさまに、心よりお礼申し上げます。

また、お隣の須坂《すざか》市から駆《か》けつけて小布施を案内してくださった「非暴力平和隊・

日本」の仲間、青山正《あおやまただし》さんには、適切な感謝の言葉も見つかりません。青山さんは鎌仲さんとのゼミも傍聴《ぼうちょう》され、ゼミ生に温かく大切な言葉をかけてくださり、「自主ゼミを継続したら」というアイデアも出してくださいました。学生と話し合って、ゼミの継続を決めました。

ゼミを傍聴して、おいしい天然酵母《てんねんこうぼ》パンを差し入れてくださった「しぜんこうぼのぱんや　きなり」の瀬川賢一《せがわけんいち》さんと、甘くて安全なリンゴとリンゴジュースを差し入れてくださった柴垣芳美《しばがきよしみ》さんへも、お礼申し上げます。

最後に、鎌仲さんのマネージャー、小原美由紀《こはらみゆき》さんには、スケジュールの調整に始まり、ゼミがよいものになるよう常に心を砕いて、配慮の行き届いた提案をたくさんしていただきました。ありがとうございました。

中里見 博

鎌仲ひとみさんへの質問票

Ⅰ　福島原発事故とその影響をどうとらえるか

①福島原発事故を体験して、どう感じましたか。
②「グリーンラン実験」(『ヒバクシャ』)のようなことが、福島でも起きているのではないでしょうか。
③「3・11」以後のマスメディアは、何を目的として報道をしていると思いますか。
④福島の若者の将来の健康リスクをどう考えていますか。
⑤被害者の補償《ほしょう》を国にどのようにさせるべきだと考えますか。

Ⅱ　原発そのものをどうとらえるか

⑥原発が国策であることの理由は何だと思いますか。

Ⅲ　原発のない社会をどう展望するか

⑦エネルギーシフトの現状や可能性について、どう考えていますか。
⑧エネルギーの地域自立の可能性や動向についてご存知のことを教えてください。
⑨原発代替《だいたい》エネルギーの具体像については、どう考えていますか。
⑩廃炉《はいろ》後の雇用《こよう》問題や地域振興(経済)の問題をどう解決すべきと思いますか。
⑪福島を代替エネルギーの理想都市とすることについて、どう思われますか。
⑫どのような社会を理想としていますか。

Ⅳ　私たちの主体的な関わり、生き方について

⑬多くの人が世間体《せけんてい》を気にして行動しないうちにこういう事態になってしまいましたが、鎌仲さんはどうやって〝世間体〟などの殻《から》を破ったのですか。

⑭「現状のままでよい」「不安はあるが行動を起こすまではない」などと考えている多数派の人々について、どうとらえていますか。

⑮今の自分には、「反原発デモ」などに参加することはハードルが高いのですが、鎌仲さんの映画上映会などはやれる気がします。ほかに、学生ができる活動のアイデアとしてどのようなことがありますか。

⑯鎌仲さん自身のメディアリテラシーの手法や実践《じっせん》について教えてください。

⑰マスメディアとの付き合い方はどのようにされていますか。「3・11」以後、マスメディアから、鎌仲さんに取材依頼がありますか。

⑱マスメディアにおける「情報統制」ともいえる状況のなかで、人々がメディアリテラシーを高めるためにはどうすればよいと思いますか。

⑲政府を変えるために私たちに何ができると思いますか。日本で市民が動いて政治を変革すること（市民革命のようなこと）は起きると思いますか。

Ⅴ　鎌仲さんの活動について

⑳メディア人の一人として、今後何を発信するつもりですか。また、次回作は？

㉑鎌仲さんが起こしたい本質的な変化に、上映会や講演会などがつながっているという実感がありますか。鎌仲さんが声を届けたい人々の層《そう》に、鎌仲さんの声が届いていると思いますか。また、政治家など、問題に気づくべき人たちに鎌仲さんの声は届いていると思いますか。鎌仲さんの活動の原動力は何でしょうか。

㉒取材活動を通じた、鎌仲さんご自身の健康被害（被曝《ひばく》）をどう考えていますか。

学生たちが通うキャンパスと周りの風景

中里見　今から待望《たいぼう》の鎌仲ひとみさんをお迎えしたゼミを開催いたします。鎌仲さんをお招《まね》きすることが決まってから、学生たちは映画『ヒバクシャ』をもう一度観ただけでなく、鎌仲さんが書かれているすべての本と、入手できるすべての講演や対談、インタビューなどの記録に目を通して準備を重ねてきました。そして、質問票（8、9頁）のように、ⅠからⅤまでの柱に分かれた22個の質問事項をまとめました。3時間あるとはいえ、とてもすべてを議論できるとは思いませんので、時間をみながら適宜工夫《てきぎくふう》して進めていきたいと思います。

まず学生から、それぞれの質問の背景や趣旨《しゅし》、あるいは自分の意見を交えて、質問をさせていただきます。それを受けて、鎌仲さんに答えていただき、さらにやり取りをする、というように進めたいと思います。

ただ、最初の質問だけは、学生からの提起《ていき》を省略《しょうりゃく》して、導入的《どうにゅうてき》に鎌仲さんからお話しいただきたいと思います。では鎌仲さん、よろしくお願いします。

？福島原発事故を体験して、どう感じましたか。
（質問Ⅰ—①）

鎌仲　最初の質問は、あちこちで話したり、書いたりしてきましたけれども、あの大地震で一回目の大きな津波《つなみ》が来て、次のが来て、また別のが来るというように、私にも何度もいろいろな違う思いが自分を襲《おそ》ってくるということがありました。

まず「原発のようすがおかしい」と最初に聞いたとたんに、「もうだめだ」と思いました。みんなも原発のことを勉強しているからわかっていると思うけれど、これまで起きた原発事故では、いったん制御《せいぎょ》が不能《ふのう》になると悪循環《あくじゅんかん》の連鎖反応《れんさはんのう》が起きてしまうので、それを止めるのはすごくむずかしくなる。いったんある程度の損傷《そんしょう》が起きてしまうと、もう悪循環が連鎖反応的に始まってしまうので、「ああ、もうこれは止めることはできないだろう」と思いました。

私としては、自分のまわりの人を守らないといけないので、すぐまわりにいたスタッフに逃げるように言ったのです。「もう仕事しなくていいから、なるべく遠いところに行って」と。「家が東京にしかない人の場合は、外に出なくていいから、被曝《ひばく》しないように窓をしめきって、ガムテープを貼りなさい」と。

実は、ちょうど東京で『ミツバチの羽音《はおと》と地球の回転』の劇場公開をしている最中《さいちゅう》に地震が来たのです。だから、観客の方を誘導《ゆうどう》しながら避難《ひなん》してもらいました。そのあと、東京の揺《ゆ》れはおさまったんだけれども、「計画停電」というのが始まりました。映画館は、「今だからこそ『ミツバチの…』を上映しよう」という意向《いこう》だったのですけど、私は「もうやめた」と。「原発が事故を起こしているときに映画なんか観せている場合ではない」という気持ちだったのです。みんなそれぞれが被曝しないようにしないといけないし、どれだけ放射能《ほうしゃのう》が出ているかさえ、当時はきちんと言われてなくてわからないし、私の映画を観に来て被曝するということだけは絶対にしてほしくなかったから、劇場にとってはかなり打撃《だげき》だったんですが、しばらく上映しなかった。そのあいだに、次々原発が爆発していったのです。

私は、映画『ヒバクシャ――世界の終わりに』から始まって、イラクの子どもたちが被曝によって病を得て死んでいくという状況を変えたい、被曝で子どもが命を失ったり病気で人生を台無《だいな》しにしたりする状況を根本的《こんぽんてき》に変えたい、そのためにはどうしたらいいだろうかということをずっと考えて、映画を作ってきたのです。それで『ヒバクシャ』を作るときに、自分の人生をいったんリセットしました。これまで築《きず》き上げてきたものをずっと守っていくよりも、どうなるかわからないけれども、借金をしてでも映画を作りたかった。だれが観てくれるかもわからないけれども、自分がだいじにしていることを映画にしないと次に行けない。そうでなければ、自分を自分で許せなかったのです。

なぜかというと、私がイラクへ行ったときに、子どもが命を失っていくなかで、私しか知らない、個人的な体験をしたのです。現地にいるラシャという子が「私のことを忘れないで」と小さな紙切れに書いて私に遺《のこ》してくれました。それは、私とラシャの間で生じた個人的なことだから、日本に帰って来てNHKのテレビ番組を作ったときには、いっさい番組の中に入れませんでした。けれども、私が個人的にした彼女との約束、その約束を果《は》たさなければいけない。だれも知らなくても、私が知っているので、自分を自分で「OK」と言ってあげられないと思ったのです。それで『ヒバクシャ』を作ろうと考えました。

私の映画の目的は、「これ以上、子どもを被曝させたくない」ということでしたから、福島の原発が爆発したときに、真っ先に考えたことは、「ああ、これでものすごく多くの子どもたちが被曝してしまった」ということでした。最初に出てくる放射《ほうしゃ》性物質《せいぶっしつ》は、放射性ヨウ素なのですが、その一粒一粒がものすごく小さくて軽いのです。ガスだからね。爆発する前にも出ているなと思ったので、ツイッターを通して「とにかく何らかの方法で子どもたちに安定ヨウ素剤を飲ませてください！」と発信し続けていたのです。そのときに私が発信する方法としてベストだと思われたのは、ツイッターだったのです。

でも、安定ヨウ素剤を飲みなさいという適切な指示が責任ある機関からなかったので、飲んでいない子どもが圧倒的に多いわけじゃないですか。

あなたたちの世代にしてもそうだし、特に女性は甲状腺《こうじょうせん》が弱いんだよね。だから、飲んでおいた方がよかったと思う。福島大学はどうだったのでしょう？　安定ヨウ素剤を福島大学は持っていたのですか？

中里見　持っていませんでした。今でも用意していないのです。

鎌仲　今回の事故で、いっぺんに、ものすごい人数の子どもたちが日本で被曝してしまいました。私は3本の映画を撮《と》って、少しずつ原発のことに興味を持ったり、その持続の不可能性とか被曝の危険について人々の意識が高まってきていると感じていて、「地道《じみち》にやっていけば日本の民主主義的な手続きで、原発を減らしていく方法が出てくるんじゃないか」と信じてやってきました。それなのに、今回のことで台無《だいな》しになってしまった。しかも子どもたちが現在進行形で被曝し続けていくという事態が自分の足元で起きてしまったので、自分としては「映画を作ってきた意味があったのか」「無駄《むだ》になったのではないか」と、最初はすごく打ちのめされたのです。この12年間、私はそれだけしかやってきてなかったのです。だから、それはものすごく打ちのめされた……。

だけど、事故が起きたあとの人々をみていると、起きたことの意味を理解していないということがわかりました。しかも、起きたことの意味をマスコミが伝えていないし、政府も伝えていない。こういうことが起きても、また前と同じパターンが同じようにくり返されていくことがわかって、これはやっぱり何が起きているのかを理解するには、いろんな事実や情報を知らないといけないし、ほんとうに何が起きているのかを理解しなければ、起きたことの意味がわからないのです。爆発した映像をみても「安全だ！」と言われたら、人は安全だと思うのだな、と。ありえないと思うけど、でも人間にはそういう面があるのです。だから事故の前にやり続けてきたのと同じように、その意味というのをきちんと伝えていく作業を地道にやっていかなければ、やっぱり変わりようがないのです。「それをやるしかない」と、けっこう短時間に腹を括《くく》って、またやり始めました。

そのときのどうしようもない無力感《むりょくかん》とか絶望《ぜつぼう》とか、そういうものは、ギュッと固めて取ってあって、まだほどいていません（笑）。まだ私のなかに置いてある……、という感じです。そろそろ1年以上経とうしているのですけど、みんなもそうなんじゃないかな。感情というものをいきなり全部出せれば、そこにカタルシス（精神の浄化《じょうか》作用）があって、すっきりすることもあるかもしれないけれども、命が失われている現場で私が得た感情というのは、ただ感情表現をすれば解決するというものではないので、それはギュッと抱いて持っている。それが、私がものを作るエネルギーの素《もと》になっています。今回もそういう感じです。

飯田笹子《はんださ さこ》　私の地元は福島県のいわき市なのですが、安定ヨウ素剤が配られたのは事故が明らかになってからしばらくあとでした。また、配られたときに「指示《しじ》があるまでは飲まないで」と言われたので、今も実家の冷蔵庫にしまったままです。でも、先ほどの鎌仲さんのお話によれば、安定ヨウ素剤はすぐにでも飲んでおくべきだったのでしょうか？

鎌仲　チェルノブイリ事故が起きたときに、たくさんの子どもたちが甲状腺ガンになったし、甲状腺障害にもなりました。それは安定ヨウ素剤を飲まなかったからだと研究でわかっています。原発事故のときには、放射性ヨウ素を吸い込んでしまう前の、だいたい6時間前に飲んで、安全なヨウ素で甲状腺を満たしておくと、放射線ヨウ素を身体が吸収せずに外に排出《はいしゅつ》するというのです。だから被曝する前に飲んでおかないといけない。

それを福島県は用法を間違《まちが》えているわけです。何かが起きて「指示があってから飲む」のではなく、なるべく早く飲まないといけない。緊急のときに指示があってからすぐ飲んでも、もう放射性ヨウ素は出ているわけだから、効《き》かないわけ。放射性ヨウ素を身体の甲状腺に濃縮《のうしゅく》させないために飲むわけですから。

40歳以下は、飲んでも副作用《ふくさよう》が少ないこともわかっているので、予防原則的にいうと、予防のための処置《しょち》です。だから「何かあって指示されてから飲む」というのは間違っている。福島県は重大な間違いを犯《おか》したわけです。これは時間が経《た》つごとに、間違いが明らかになっていくと思うし、いろんな人からそれは間違っていたと指摘され続けていくと思います。

三春《みはる》町の場合は、町長が「すぐに飲ませなければいけない」と情報を正しく知っていて、町長立ち会いのもとで15歳以下全員に飲ませました。それを聞いて、ほかの市町村が「三春では飲ませているので、自分たちにもくれ」と県に頼《たの》んだら、福島県が「飲まなくてもいいんだ」と返答した。三春では全員に飲ませたということを知っていて、福島県は「おまえたちに配付した安定ヨウ素剤を返せ」と三春町長に要請してきた。町長はすごく怒ったのよね。郡山《こおりやま》より少し太平洋側にある石川郡平田村の「ひらた中央病院（http://www.seireikai.net/）」の院長に聞きましたが、「福島県の対応はひどい。三春に対してそんなことを言うなんてひどすぎる」と、医師としてすごく怒っていらっしゃいました。

ここから、私たちが学ぶべき教訓《きょうくん》は何でしょう。有住さん、どうですか。

有住さつき　上に立つ人が詳《くわ》しい情報を持っていないと、市民にも正しい情報を伝えられないので、もっと上の立場の人たちが正しい情報を持って行動しなければいけないと思う。

鎌仲　うん、でも正しい情報を持っていない福島県民としては、どうしないといけないの？

有住　自分もまず正しい情報を持たないといけないと思いますし、それを訴《うった》えかける行動も起こさないといけない。

鎌仲　そうだよね、守ってもらえないんだね。残念だね。子どもを守らない自治体《じちたい》なのです。大人は子どもを守るものですから、「そんなはずはない」と思っていたのに、なぜそうなったのかっていうことも考えないといけないね。では、葵《あおい》さん。

葵《あおい》春菜《はるな》　まず今回の事故がなかったら、原発の恐ろしさを、南相馬《みなみそうま》に住んでいた私たちですら知らなかったですね。自宅が原発から25㎞以内にあるにもかかわらず、原発の恐ろしさとか、甲状腺ガンの予防になる安定ヨウ素剤のことも知らなかったのです。

鎌仲　避難訓練《ひなんくんれん》も、したことがなかったの？

葵　ないです。原発を想定《そうてい》した避難訓練はなかったです。ほんとうに無知に近かったですね。立地《りっち》した場所のすぐ近くに住んでいた私たちでも知らなかったことを、県全体で知れっていうのは、最初はむずかしいと思う。立地している自治体がまず、危険性を発信できるように、上からの圧力《あつりょく》に負けないような強い意志を自分たちで持ったり、活動したり、勉強したりする機会が必要だと思う。

鎌仲　ありがとう。ほかに意見は。

沢田ケンヂ　何よりもまず自分が正しい情報を持って、だれかからの指示ではなく自分が動くということだと思う。

安定ヨウ素剤は一部の地域にしか配られなかったようですが、それこそ、もとから原発について知っている人は、「そんなものが配られる前から自分で持っていた」という人もいたし、「すぐ飲んだ」って言っていた人もいた。上からの指示といっても、今のエライさんはぜんぜん守ってくれないわけだから、自分で自分を守るしかないいし、自分で動くしかないのかなって思う。

鎌仲　そうね、英語で「準備する」という「プリペア」〝prepare〟を使って「プリペアラーズ」〝preparers〟＝「準備する人」というけど、そういう人が今、アメリカで増えているのです。それは、ハリケーン・カトリーナのようなものすごく大きなハリケーンが来たり、川が氾濫《はんらん》を起こして川の津波のようなものが起きたりしても、結局アメリカ政府は国民をまったく助けないということが何回もくり返されていったのです。そのうちに、そういう自然災害に見舞《みま》われたときに自分たちは見捨てられる、ということがわかってきた。それで、自分で自分を守るために何が必要なのかということを考えて、いろんなことを準備する人たちが出てきたのです。たとえば、車はいつもガソリンを満タンにしておくとか、アメリカはカード社会なのだけれども現金をある程度持っておくとか、災害が起きたときに自分と家族を守るためにやれるいくつかのことを日常的にしておこう、と。

でも、それをつきつめて考えていくと、お金ではない、ということがわかってきました。たとえば、自分のところに食べ物がなくなったら、どうしますか？　何かの供給《きょうきゅう》がなくなったときに、それを自給自足《じきゅうじそく》している人たちがいちばん強いでしょう。そういうことをしている人たちと仲間になっておくことがいちばん頼《たよ》りになります。本来の意味で「準備する」というのは、助け合える人間関係を構築《こうちく》しておくということで、それは国ではないということがだんだんわかってきたのです。

その一方で思うことは、自然災害はたくさん起きているでしょう。日本で今回生じたことは、地震・津波と原発事故がいっしょになったという人類史上《じんるいしじょう》でも非常にめずらしいパターンだけれども、だけどトルコの大地震で何万人も生き埋《う》めになったり（1999年8月17日、トルコ北西部で発生したマグニチュード7・4の地震。死者1万5756名、被災建物24万4千棟以上）、四川《しせん》でも起きたりとか（2008年5月12日、中国四川省で発生したマグニチュード7・9の地震。死者・行方不明者は8万7千人以上、倒壊した家屋は約20万棟）、津波もスマトラで起きたりとか（2004年12月26日、スマトラ島北西沖を震源とするマグニチュード9・0の巨大地震が発生。直後にインド洋を大津波〈波高2～10ｍ〉が襲《おそ》った。この津波により死者約22万人、行方不明者7万7千人、負傷者13万人という大惨事《だいさんじ》に発展した）、たくさん起きています。

人災《じんさい》についていえば、イラクでは400万人がイラク戦争で難民《なんみん》となり、家を失いました。そのうち200万人が国外に出て、いろんな国にバラバラに散らばって行ったし、まだ何千人もがイラクとヨルダン国境《こっきょう》のどこの国でもない幅6㎞のベルト地帯にテントぐらしを余儀《よぎ》なくされています。そういう災禍《さいか》に見舞われた人たちがほんとうに救いを得ているのかというと、ほとんどが得られていない。

そういう現実があるなかで、みなさんには世界中の人々に起きたことと自分たちに起きていることを同様《どうよう》に考えてほしい、そういう視線でみてほしいなと思っているのです。

？「グリーンラン実験」（『ヒバクシャ』）のようなことが、福島でも起きているのではないでしょうか。（質問Ⅰ―②）

遠藤綾　ハンフォード（※）のグリーンラン実験（※）というのがあったと、『ヒバクシャ』を観て知ったんですが、これは今の福島の状態と似ているのではないでしょうか？　実際にハンフォードへ行かれた鎌仲さんのご意見をお聞きしたいです。

※**ハンフォード核施設**……１９４３年、「マンハッタン計画」の三つの拠点《きょてん》施設の一つとして、ワシントン州ハンフォードの荒野を軍が接収《せっしゅう》する。当時、農業を営《いとな》んでいた約１２００人は強制移住《きょうせいいじゅう》させられた。辺境《へんきょう》の地で秘密が守れること、原子炉運転《げんしろうんてん》に必要な冷却用《れいきゃくよう》の豊富な水が得られることなどから選ばれた。大戦中のピーク時には技術者ら約５万の労働力が動員《どういん》され、３基の原子炉をはじめ、ウラン燃料工場、再処理工場を完成。工場規模で世界初のプルトニウム生産に成功。長崎への原爆投下に使用された。旧ソ連との核軍拡競争《かくぐんかくきょうそう》が展開された冷戦期《れいせんき》に、さらに6基の原子炉が建設され、１９８７年の全面的生産停止までに約55トンの兵器用プルトニウムが製造された。１９８９年からは、40年以上におよぶ生産活動で生まれた放射性物質や化学物質による膨大《ぼうだい》な汚染《おせん》の除去作業にとりくんでいる。（中国新聞「21世紀　核時代　負《ふ》の遺産《いさん》20　アメリカ編　ハンフォード核施設　上」http://www.chugoku-np.co.jp/abom/nuclear_age/us/020224.html より。一部略）

※**グリーンラン（Green Run）実験**……１９４９年12月、ハンフォード核施設で故意に放射性物質の放出実験がおこなわれ、キセノン１３３とヨウ素１３１、それぞれ2万キュリー（７４０テラベクレル）と７７８０キュリー（２８７テラベクレル）が大気中に放出された。実験の目的は、ソ連の原爆開発状況を知るためとされる。（中略）「ソ連と同じ条件でやるとどのような影響が出るか」。その実態を知るための追試《ついし》実験を「グリーンラン」と呼んだ。この実験がマスコミで明らかにされたのは１９８９年5月。ほかにも、１９４４年から13

年間で53万キュリー（1万９６００テラベクレル）のヨウ素１３１が環境へ放出されていたことも判明《はんめい》。ヨウ素１３１などの放射性物質の大量放出により、広範《こうはん》な住民に甲状腺ガンなど多くの健康障害を与えた。（中国新聞「21世紀 核時代 負の遺産21 アメリカ編 ハンフォード核施設 下」http://www.chugoku-np.co.jp/abom/nuclear_age/us/020303.html より）

鎌仲　ハンフォードの場合は、放射能放出や漏洩《ろうえい》というものがまったく見えなかったのです。それに対して、福島の場合は事故を起こして、爆発して、放射能が漏《も》れたということがだれにもはっきりわかりました。ハンフォードの場合は、長いあいだこっそり、わざとばらまかれていた。そこに住んでいる人たちも何も知らなかった。さっき葵さんが自分たちは何も知らなかったと言ったけど、それは放射能や原発のリスクについて自分たちは何も知らなかったという意味だったでしょう。でも、ハンフォードは放射能が出ていたのに、そのこと自体を住民が知らなかった。

　ハンフォードと福島で似《に》ているのは、『ヒバクシャ』の中で農民たちが言っているように、「核兵器を作れば作るほど、自分たちは安全だ」というキャンペーンをアメリカ政府が国民にしていたことなんだよね。自分たちは莫大《ばくだい》な税金を使って核兵器を作るけれども、それは共産圏《きょうさんけん》のソ連が核兵器《かくへいき》を持っているから、自分たちも作らなければ核攻撃《かくこうげき》を受ける、と言われた。

　１９５０年代にいかに核兵器が必要かということを学校で観せた映画を編集して作った『アトミック・カフェ』（※）というアメリカの映画があります。ぜひみんなに観てほしいのですが、核戦争が起きても自分たちが生き延《の》びるためにどうするのか。向こうが１００個持っていれば、こっちは２００個持たなければならないという内容なのです。ところがそれは、核兵器1個がどれだけの被曝やどれだけの放射能汚染をもたらすかということについてはいっさい触れていません。

※『アトミック・カフェ』(The Atomic Cafe)……監督・制作・編集:ケヴィン・ラファティ、ジェーン・ローダー、ピアース・ラファティ。1982年アメリカ映画。88分。配給竹書房。2004年DVD発売。

今、それを観ると、ものすごく非常識な、間違っていることをたくさん言っているんだけど、国民はそれを子どものうちから見せられて「核兵器を持つのはいいことだ」と教育されてしまった。ハンフォードの農民たちも「核兵器を作っているのは自分たちを守ってくれるためだ」と政府を支持《しじ》してきたのです。つまり、核の保有《ほゆう》を自分たちが精神的に支《ささ》えていたわけです。ところがそれを作っている現場の足元では放射能を出していて、自分たちは被害者になっていたということに、あとから気づいたんだよね。でもそのプロセスのなかでは、お父さんの骨が真っ黒になって骨ガンになったり、子どもたちがどんどん死んだりとか、そういうことが起きていて、それは構造的には原発とすごく似ている……。

その根っこは同じなのです。原発という技術の根っこは、まさしくハンフォードで開発されたプルトニウムを作る原子炉、そしてそれを再処理《さいしょり》してプルトニウムを取り出し、ウランを精製したり……とか。すべての技術がハンフォードで1940年代前後から作られていたわけだから、それがずっと福島につながっていると考えるのは正しいと思います。

そこでおこなわれたのは人体実験です。核を扱《あつか》っている科学者たち自身が、自分たちはいったどれだけ被曝したらほんとうに危険なのか、死ぬのかということを知りたくて、それでいろんな実験をするわけ。核実験もしていました。メキシコとの国境の近くのネバダというところで、核爆発させてどんなふうになるのかという実験をしていたのだけれども、アメリカの兵士を並べて、見学させたり、爆発したあとにそこに行軍《こうぐん》させたりとかして、被曝した兵士がどうなるのかということも、きちんと視《み》ていた。そういうデータを取らないと、どれだけの被曝が危険で、どれだけの被曝が安全かということがわからなかった。そのデータは、ネズミでやってもイヌでやってもブタでやってもだめで、人間という生命体でやらないとわからないという結論に達したわけです。

　広島と長崎も、戦争のために落としたというけれども、結果としてはそれを人体実験のように使って、いろんなデータを出して研究対象にしたり、そのデータを操作《そうさ》して、自分たちの都合《つごう》のいいように使ったりしていたのです。データというものは絶対ではなく、それを使う人によって恣意的《しいてき》に、便利に使われるものだということを知っておかないといけない。データを出されたからといって、それが100%ほんとうだとは限らないということをどこかで知っておくことは必要だと思う。

遠藤　福島県が、全県民を対象にして健康調査（※）をやってデータを取っていますけど、そのデータはちゃんと本人に知らせてくれるのでしょうか？

※**福島県の全県民対象健康調査**……福島県が約200万人の県民全員を対象に長期間にわたって放射線被曝の影響を調べるために2011年6月末から実施している健康調査。全県民に問診票《もんしんひょう》を配布し、事故発生後にどこで何をしていたかや健康状態を記入してもらい、県が回収する。空気中の放射線量から、県民一人ひとりの積算《せきさん》放射線量を推定し、放射線量が一定量に達していると推定《すいてい》される人に対しては、医師による聞き取りや内部被曝線量の測定などの詳《くわ》しい調査を実施。健康にどのような影響があるかを調べる。2012年2月20日発表の「基本調査（外部被曝線量の推計）」によ

ると、3月11日から4ヵ月の積算で、放射線業務従事《じゅうじ》経験者を含む川俣《かわまた》町、浪江《なみえ》町、飯舘《いいたて》村の約１万人中の最大は47・２ミリシーベルト、10ミリシーベルト超は95名、10ミリシーベルト未満が99・1%などとされ、次のような「評価」を県は発表している。すなわち、「これまでの疫学《えきがく》調査によれば、１００ミリシーベルト以下での明らかな健康への影響は確認されていない。今回の外部被曝線量の推計値は、4ヵ月間の積算実効線量値《せきさんじっこうせんりょうち》であるが、これにより『放射線による健康被害があるとは考えにくい』と評価されます」。２０１２年3月9日に発表された「県民健康管理調査『進捗《しんちょく》状況』について」によると、基本調査回収状況は、回収数約44万3千名（回収率21・5%）。

鎌仲　いや、それはまったく知らせないと思いますよ（笑）。たとえば、ある人をホールボディカウンター（ＷＢＣ）で測ったら、「生データ」で１８０ベクレルのセシウムが身体の中に入っていたとしますね。でも「検出《けんしゅつ》限界」といって、今、３００ベクレル以下は計測数値として出ないように設定してあるのです。

だけど、福島県内の最新式ＷＢＣの検出《けんしゅつ》限界は１５０ベクレルなんですよ。「なんで１５０にしないで、３００にしてあるのか」と、このあいだ、ひらた中央病院で聞いたら、「福島県立医科大学の指示でそうしている」ということでした。なんで医大がそういう指示をしているのかが謎《なぞ》です。

でも、その結果、ある人の体内被曝が１８０ベクレルというデータが出ても、本人には「大丈夫ですよ、３００ベクレル以下でしたから」という伝え方をするわけでしょう。それは問題ですよね。それに、放射能は発症までの潜伏《せんぷく》期間が長い晩発《ばんぱつ》性《せい》障害を出しやすいので、半年や1年ではなかなかいろんな症状は出てこない。だから、そこに向かって準備している期間だとも考えられるのです。

データを取って、結果として「何人の人が病気になりました」と言われても、本人たちにとっては何の役にも立たないわけでしょう。優先《ゆうせん》順位としては、今生きていて被曝をしてしまった人たちが、いかに健康被害から免《まぬが》れていくかが真っ先に重要なわけで、ただデータを集めても何の意味もない。しかもデータを集めるにはものすごく時間がかかるわけで、その時間がかかるなかで、たくさんの人たちにいろんな症状が起こるかもしれないわけでしょう。実際に起きる症状にきちんと対処してはじめて、データは意味を持つのだと思います。

? 福島の若者の将来の健康リスクをどう考えていますか。（質問Ⅰ—④）

香川うどん　イラクで起きた健康被害はこれから福島でも起きるのでしょうか？　福島といっても地域ごとに違うんだとは思うのですが、鎌仲さんの経験をとおして、福島でこれからどういう健康被害が起きると思いますか？

鎌仲　今、外部被曝の放射線量から考えると、福島県のほとんど全域がイラクよりもひどいよね。東京もそうです。空間線量《くうかんせんりょう》にすれば、イラクはもっと低いもの。

私は病気を起こす最大の原因は内部被曝だと思っているのだけど、でも外部被曝でも、1年間に10ミリシーベルトとか20ミリシーベルトをあびるというのは未知のことなんですね。チェルノブイリのお医者さんに言わせると、ＩＣＲＰ（国際放射線防護委員会）が国際基準でふつうの人たちは年間1ミリシーベルトが限度だ、と。その1ミリをちょっと超えると、「何かおかしなことが起きるような気がする」と言っています。それが3ミリになり5ミリになり、8ミリになり、20ミリになったりするというのは……そんなところにこれまでは人は住んでいないからね。チェルノブイリでは強制退去《きょうせいたいきょ》させられた場所にお年寄りが戻って来てくらしているというケースはあるけど、そんなに

大学近くの公園。除染完了を知らせる看板が立っている。
空間線量がいまだに高いにもかかわらず、安全を印象づけることに不安を感じる人も。

も空間線量が高い場所でいまだかつて人類は長期にわたって生活をしたことがないので、そこは未知の領域《りょういき》だと思う。

でも、確実に汚染《おせん》された物を食べざるをえない環境にいるので、内部被曝は蓄積《ちくせき》されていくよね。ガンや白血病になるということよりも、疲れやすくなるとか、カゼをひきやすくなるということであらわれます。広島で原爆が落ちたあとに市街地に入って行った人たちが、そこに残っていた放射性物質を身体のなかに入れることで被曝したんですが、そういう患者さんたちを肥田舜太郎《ひだしゅんたろう》医師はずっと診続けてきました。『ヒバクシャ』でも、6歳のときに被爆した男性とか、4歳のときに「黒い雨」に当たってしまった女性が出てきたけれど、あれは2000年ぐらいに撮影しているので、55年経ってからガンが二つぐらいできたのです。黒い雨をあびた女性は、撮影した直後にガンが悪化して亡くなっているのですが、すごく長い時間をかけてクオリティ・オブ・ライフ（人生の質、生活の質）が損《そこ》なわれていくと考えられます。

しかもそれが、だれにでも起きる病気というかたちであらわれてくる。たとえば甲状腺機能《きのう》が低下していくとか、あるいは下痢《げり》をしやすくなるとか貧血《ひんけつ》が起きるとか。それは身体のなかに入った放射性物質が身体のなかで放射線を発することによって、白血球が放射線に対処するために免疫《めんえき》をフル稼働《かどう》しなければならなくなって——たとえばカゼのウィルスが身体に入っているときに、100人の守備兵《しゅびへい》がいるとして30人が常時、放射能にかかりっきりになったとします。それまで100で押し込めていたのに7割の守備兵でカゼのウィルスに対処しなければならなくなってしまって、カゼのウィルスに時々やられてしまうってことが起きてくる。放射能が体内に入ることによってそれとずっと闘い続ければならないので、生命力そのものが弱められてしまうということが起きるわけです。

それは、視力が落ちるとか、アレルギーを発症するとか、そういう多様《たよう》な症状として出てきます。「今日は、すごくだるい」とか。アメリカは大気圏《たいきけん》核実験をしていましたが――１９５０年にいちばん多く、５００回くらいやったわけですが――、同じ場所でやるから、いつも風向きが同じで、爆発による「死の灰《はい》」が同じ方向に流れて行って、その風下《かざしも》にいた多くのアメリカ人が子ども時代にそれをあびたのです。アメリカ政府はそれをぜんぜん知らせなかった。その人たちの間にシンドロームが生じて、それがどういう症状を出すかというと、「エプスタイン・バー（Epstein-Barr）」というレトロウイルスがその人たちに蔓延《まんえん》して、朝、目を覚《さ》まして起き上がろうとすると、まるで濡《ぬ》れた布団《ふとん》を2枚ぐらいかぶせられたように重くて、だるくて起き上がれない。つまり「原爆ぶらぶら病」（※）みたいな倦怠感《けんたいかん》、「疲れて、疲れて何もする気になれない」ということが風下地域の１９５０年代生まれの人に多いのです。

※**原爆ぶらぶら病**……原爆症の後障害の一つで、体力・抵抗力が弱く、疲れやすい、身体がだるい、などの訴えが続き、人並《ひとな》みに働けないために職業につけない、病気にかかりやすく、かかると重症化する率が高い、などの傾向を持つとされる。内部被曝や低線量被曝が原因との有力な見解が医師や研究者から多数出されているが、公的には「因果《いんが》関係は立証《りっしょう》されていない」とされている。原発労働者の倦怠感、湾岸《わんがん》戦争から帰還《きかん》したアメリカ兵の「湾岸戦争症候群《しょうこうぐん》」に症状が共通しているとの指摘《してき》もある。

チェルノブイリに関していうと、ああいう事故が起きた、自分たちが被害を受けた、ということに対して精神的にすごくストレスを感じて、毎日気を使わなければならないので、鬱《うつ》になる――そういう副次的《ふくじてき》な影響も確実にあると思うのです。ただ一つだけの症状、たとえばガンがものすごく増えるとか、白血病がものすごく増えるというかたちではなく、全体的にすべての人の健康のレベルが下がるということが起きると思う。病気にかかりやすい条件を内部被曝がつくっていってしまうのです。

斎藤あみ　私たちは福島にいることで、つねに放射線をあび続けている状況にいるわけですが、NGOの方たちが、子どもたちを一時的に放射線の低い所に避難させるという活動をしてくださっていて、一時的に放射線の低い所で過ごすことで、少し健康を取り戻せるかもしれない、ということを聞いたことがあるんですが、そのようなことはほんとうに効果があるんでしょうか？

鎌仲　効果はありますよ。あるんですすよ。チェルノブイリの子どもたちもWBCで測って、ある程度放射性セシウムのレベルが高くなると保養を勧《すす》められるんです。世界中の放射線の低い所に行って、45日間滞在すると、身体の中に入っているセシウムがどんどん抜《ぬ》けて、あまり気にしなくてもいいレベルになるし、本人たちもすごく元気になって、顔色もよくなってまた戻っていく。

それを北海道の野呂美加《のろみか》さんたちのグループ「チェルノブイリへのかけはし」（※）が20年くらいやり続けています。しかも、世界中のどこに行くよりもその北海道に行った子どもたちから放射能が抜けていき、帰って調べると8割抜けていた。それは野呂さんが食事療法《りょうほう》をすごく厳格《げんかく》にやって、放射能を抜く工夫《くふう》をしていたからだということです。

※**NPO法人チェルノブイリへのかけはし**……旧ソ連で起こったチェルノブイリ原発事故で被災し続けている地域の子どもたちを日本に招待し、転地《てんち》療養《りょうよう》させることによって健康回復をはかる〝保養《ほよう》里親《さとおや》運動〟をはじめ、被災地に対してさまざまな救援活動をおこなっている民間ボランティア団体。

1992年の4月から活動を開始。19年間で、648名の被曝児童を日本で保養した。活動資金はすべて募金《ぼきん》でまかなわれている。「子どもたちを放射能汚染のない土地でくらさせてあげたい――それが私たちの願いなのです」。（同ウェブサイト＆ブログ http://www.kakehashi.or.jp/ より）

みなさんも、こうやって出てきたのはいいことです（笑）。精神的にもいいしね。そうやって、自分の実感として、「自分は身体にいいことをやっている」と思うことはとても重要です。放射線をあびている不安をマイナスだとしたら、そのマイナスを少しでも減らしていく、プラスを付け加えていくことで、「自分の身体をだいじにしている、マイナスが減っている」という実感を持っていくと、免疫的にも精神的にも、すごくいい効果があると思うのです。

特に小さい子どもは、四季を通じて、春夏秋冬とキャンプに行ったほうがいいよね。そのほうが学校で勉強しているよりも、勉強になるかもしれない……。みなさんも、そういうことに付き添って出るように何か工夫したらどうかな（笑）。「受け入れますよ」というグループが全国にありますが、ここにもあるのですよね。さっきも、小布施《おぶせ》のまちづくりをしている女性が、すごくすてきな丘の頂上にゲストハウスを作ってあるから、「学生さん、どんどん来てください」と言われていました。そういうところに行って、いろんな人たちと出会うこともいい勉強になると思います。

小野寺敏夫　講演会で鎌仲さんは、「放射能は動いている」と言われました。山に降りつもった放射性物質が、雨や雪解《ゆきど》け水で川に流れ込んで、結局は放射能の入った水が水道水になって、福島に住んでいる自分たちにも届きますよね。それを飲むことで内部被曝する可能性があると思うのですけ

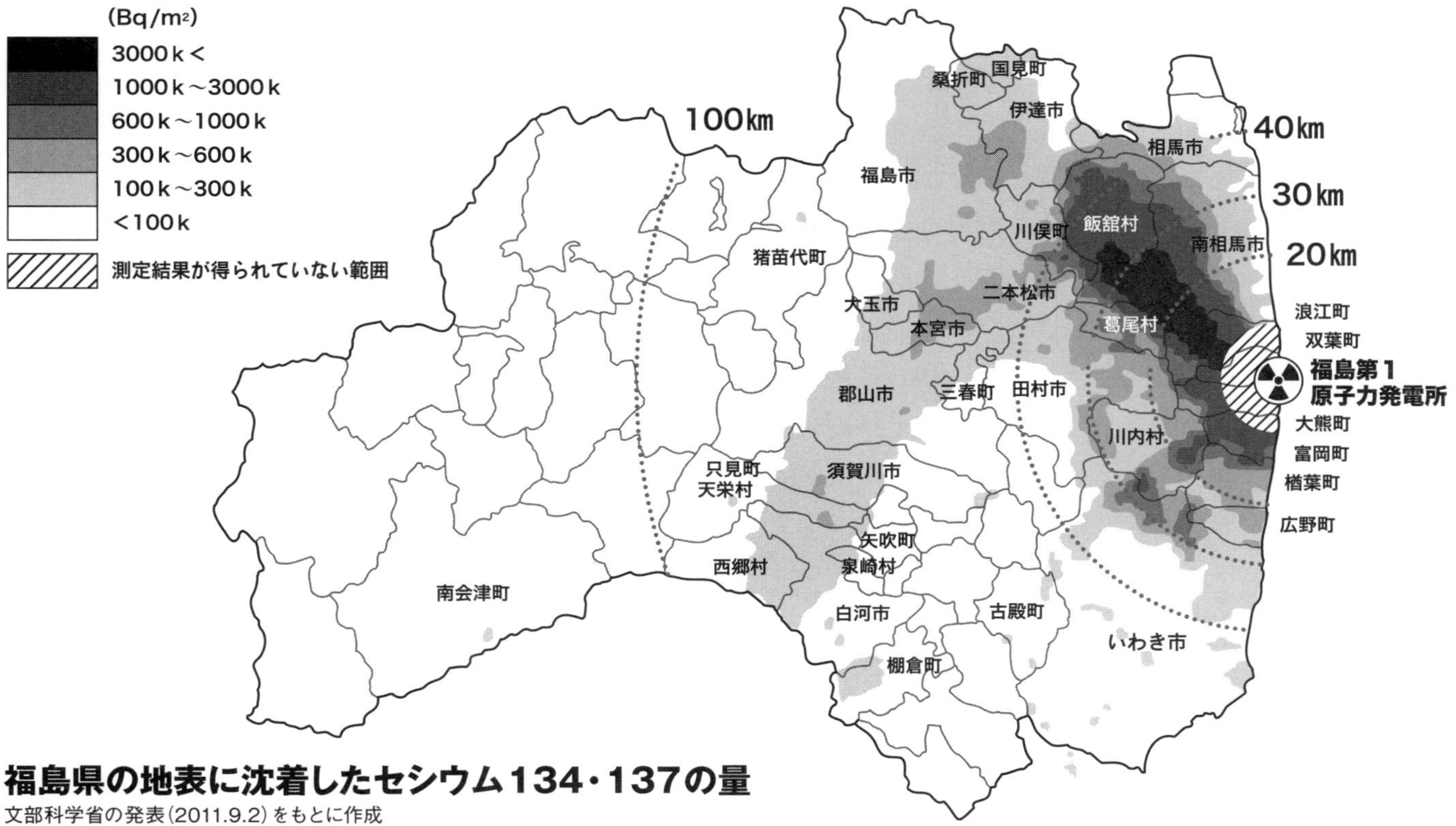

福島県の地表に沈着したセシウム134・137の量

文部科学省の発表(2011.9.2)をもとに作成

チェルノブイリ原発事故では、「強制移住」の対象地域は、1平方メートルあたり555kBq(キロベクレル)を超えた地域。調査によると福島第1原子力発電所から40km圏内の44%(推定値)※がこの「強制移住」の値を超えている。なお、チェルノブイリでは185kBq～555kBqの地域は「移住の権利区域」の対象となった。(※推定値の算出にあたっては小出裕章氏にご協力いただきました。)

ど、福島の水は飲まないほうがいいんでしょうか？

それとも、そのように考えることは過敏《かびん》なのでしょうか？


鎌仲　過敏ではないです！　水道水は極力《きょくりょく》飲まないほうがいい。水道局が逆浸透膜《ぎゃくしんとうまく》ろ過《か》システムとか放射性物質を取りのぞく施設を特別に作って、「これだけ取りましたよ」と言ってくれれば飲んでもいいと思いますが、そうではない今の状態は、どれだけ入っているのかわからない。

そういう数値を見ないで飲むのは危険だと思うし、検出限界値以下の数値が発表されていないから不安です。でも、放射性物質が入っている可能性はすごく高い。なぜなら、地下水ではなく川から飲み水を取っているから。そしてこれまでと同じように水道水には不純物《ふじゅんぶつ》の浄化とか、消毒《しょうどく》などをしているのだけども、放射性物質を取り去るいかなる工夫もしていないのであれば、入っていて当然だと思う。何か放射性物質を除去《じょきょ》するフィルターをつけているのであれば、飲んでいいと思います。だけど、つけたという話は聞いたことがない。

福島県の水道局にみんなで聞いてみるといいでしょう。「どうなっているんですか、私たちは気にしています」って。基準値があって「２００ベクレル以下だから大丈夫」と言うかもしれないよね。そうしたら、「実際の数値は何ベクレルなんですか、１９９なんですか、それとも10なんですか？」と…。

東京だって10ベクレルは入っている可能性があります。検出限界《けんしゅつげんかい》を10にしてあるから。ツイッターには、東京都は取水《しゅすい》するところで１kgあたり１６００ベクレルの水を使って水道水にしているという情報が流れていました。東京都の水は、水源がいろいろあります。川が３つあって地域別に水源が違うのですが、入っている可能性は非常に高いと思う。

小野寺　自分は、米をとぐときにも水道ではなく、できるだけミネラルウォーターを使うようにしているんですけれど、シャワーをあびるときとかは無理じゃないですか。ミネラルウォーターでシャワーあびるわけにはいかないし（笑）。どんなに予防しても、結局は福島に住んでいるっていうことは、取り込んでしまうことになるんでしょうか。

鎌仲　それが毎日だということが問題なのです。人間の免疫力や生命力というのは、短期間であれば放射性物質を取り込んでも、放射能のないところに行ってあとから押し返すことができる。そういう力を持っていると私は思うのですが、毎日、毎日、毎日……ということが問題だと思う。絶《た》えず、慢性的《まんせいてき》に放射線を受けるという状態が、一定量以上のリスクが生じるということになってしまう。確実にそれはあると思います。

でも、シャワーはあまり気にしなくてもいいと思う。飲むのではないのだから。確かに肌《はだ》からも吸収するけど、実際に身体の中に入れるよりは少ない。それに、汗を出すのはすごくいいことだから……。放射性物質は毛細血管《もうさいけっかん》のところまで運ばれてそこに沈着《ちんちゃく》しがちなので、汗腺《かんせん》を開いて皮膚《ひふ》から排出《はいしゅつ》させることは重要です。

だから運動して汗をかくというのがすごくだいじだし、温泉《おんせん》に行くのもいいでしょう。福島は温泉がいっぱいあるから、なんだか「たまったなあ」と心配になったら、ちょいと温泉に行っていっぱい汗をかく。温泉は地下から湧《わ》いてくるから、そんなにたくさん放射性物質は入っていないと思います。「汗といっしょに出した」っていう感覚を自分のなかに持って、「大丈夫」と思えば免疫力も上がるでしょ。

そういう工夫をして、ただただ心配して諦《あきら》めるんじゃなくて、いろいろできることはあります。足湯《あしゆ》をしてもいいよ。温泉に行けないのだったら、足湯をする。足首の下を45℃から50℃くらいで10分くらい温めるだけで、ワーと汗をかくでしょう。「出た、排出したぁ」って。チェルノブイリのお年寄りがけっこう長生きしているのは、サウナに入るかららしいの。サウナでバーッと汗をかく。そうしたら排毒《はいどく》するの。だから排毒を心がけてください。

飯田《はんだ》　ミネラルウォーターには放射性物質は入っていないのかと思ったんですが。もしミネラルウォーターにも入っていたら、水道水を飲む、飲まないにかかわらず、被曝を避《さ》けることはできないということになりますよね。実際はどうなっているのでしょうか。

鎌仲　ミネラルウォーターに関しては、検査したうえで入っていない、というメーカーを選ぶのがいいでしょう。100％入っていないわけではないから、入っているところもあると思います。最近では良心的《りょうしんてき》なところは、自分たちで定期的に測っていて、そこが「不検出《ふけんしゅつ》でしたよ」といえば信用していいと思います。

　牛乳にしても、入っているところと入っていないところがあるでしょう。「TEAM二本松《にほんまつ》」（※）は20種類くらいの牛乳を定期的に測って、ブログでレポートをしています。このあいだ撮影をしに行ったら、測定した牛乳から3ベクレル出ていました。

※**NPO法人TEAM二本松**……飲食物の放射能測定、幼児の定期的一時疎開《そかい》の促進《そくしん》、除染《じょせん》活動をおこなう民間団体。「我々は、この得体《えたい》の知れない、先の見えない、放射能との闘いに、残りの人生の全てを懸《か》けます。そして、故郷二本松を、将来の二本松を担《にな》う子どもたちを守っていく為《ため》、ここに『NPO法人TEAM二本松』を設立しました」。（同ウェブサイト http://team-nihonmatsu.r-cms.biz/ より）

福島県産のブルーのパッケージの酪王牛乳は出てないらしいよ。二本松の幼稚園ではその牛乳を飲ませていた。同じ牛乳を買うにしても、200円払って1リットルパックを買うときに、入っていないのを選ぶほうがいいでしょう。それは情報を確認すればできることだから。なるべく取り込まない工夫を習慣化《しゅうかんか》していけばいいのではないでしょうか。

？被害者の補償《ほしょう》を国にどのようにさせるべきだと考えますか。（質問Ⅰ―⑤）

沢田　横のつながりがだいじでお金の問題ではないというお話がありました。そのとおりだとは思うのですけど、でも原発事故を起こしたのは政府と東電であって、事故直後から対応が後手後手《ごてごて》に回って、それこそ家も土地も失って、自主避難という人も、強制退去という人もいたわけですが、

●食品に含まれる放射性セシウム基準値（ベクレル／kg）の比較

<table>
<tr><th>品目</th><th>ウクライナ
1997年改訂</th><th>日本
2011年３月17日からの
暫定基準値</th><th>日本
2012年４月からの
新基準値</th></tr>
<tr><td>飲料水</td><td>2</td><td>200</td><td>10</td></tr>
<tr><td>パン</td><td>20</td><td rowspan="6">500</td><td rowspan="6">100</td></tr>
<tr><td>ジャガイモ</td><td>60</td></tr>
<tr><td>野菜</td><td>40</td></tr>
<tr><td>果物</td><td>70</td></tr>
<tr><td>肉類</td><td>200</td></tr>
<tr><td>魚</td><td>150</td></tr>
<tr><td>牛乳・乳製品</td><td>100</td><td>200</td><td>牛乳50・乳製品100</td></tr>
<tr><td>卵</td><td>6／個</td><td>500</td><td rowspan="3">100</td></tr>
<tr><td>粉ミルク</td><td>500</td><td>200</td></tr>
<tr><td>野生イチゴ・キノコ</td><td>500</td><td>500</td></tr>
<tr><td>幼児用食品</td><td>40</td><td>なし</td><td>50</td></tr>
</table>

ウクライナの値は、河田昌東・藤井絢子編著『チェルノブイリの菜の花畑から――放射能汚染下の地域復興』（2011年、創森社刊）144ページより

ろくに補償もできていないし、やっと収拾《しゅうしゅう》をつけ始めようという、その程度ですよね。そういう政府や東電にどうやって補償させるのかなと……。

人と人との助け合いでくらしていく分にはいいんですけど、政府には落とし前をつけさせないといけないし、ましてや今の政府はほんとうに何もしてくれない。何回言ってもすぐに政権は変わってしまうし、菅さんも「脱原発」って言ったら半年も経《た》たないうちに野田さんに代わってしまったわけですよね。それでさらに今の被害者に補償もしないうちに財政健全化《けんぜんか》といって増税《ぞうぜい》する、消費税を上げる、それで財産を持っていない人は苦しくなる……。

お金だけの問題ではないけど、「はした金くれてやるから、がまんしろ」という対応ではなくて、赤字国債《あかじこくさい》を出して1人数千万出すとか、別の場所で何不自由なく生活ができるとか、福島県全域全員避難させてもいいような……、それくらいの補償をすべきではないかと自分は思うのですが、政府にどのように補償させたらいいんでしょうか。

鎌仲　それについては、日本もアメリカも政府は一貫《いっかん》しているの。つまり「棄民《きみん》政策」というのがあって、切り捨てていく。一定の人たちがOKならば、割を食っている人たちがいてもいいんだ、という考え方に基《もと》づいているのです。

そういうことを語るシーンが『ヒバクシャ』の中に出てきます。肥田先生がハンフォードの人たちと、こういうふうにテーブルを囲んでいて、トムという人が同じように怒って、「こうやって補償してくれと裁判しているうちに、どんどん被害者は死んでいって、国は死ぬまで裁判の結論を延ばして、死んでいくのを待っているんだろう」と言うと、肥田先生が「そのとおりだ」という話をして。「それは、自分たちの〝国のかたち〟を守るという大きな目的のためには、人の命なんてどうでもいいんだという考え方に基づいていて、それは戦争の考え方と同じだ」と。

そういうことを英語で「コラテラル・ダメージ(collateral damage)」といって、それは必要不可欠な犠牲《ぎせい》とか最小限の犠牲という意味だけど、原爆を落としたとき、アメリカ政府がこう言いました。「原爆でいっぱい人が死んだかもしれないけれども、戦争をし続けていたらもっと多くの人が死んだのだから、原爆によって最小限の犠牲で戦争を止めることができたんだから、あれはよかった」と。今回福島に対して日本政府がしようとしていることもすごく似ていると私は思う。

そのときに、被害者が自分たちの被害というものをきちんとことばにして、「その被害を補償される権利が自分たちにはあるし、あなたたちには責任があるのだ」と、被害者自身のことばと力でそれをまずやらなければ、まわりの人たちは助けることができない。

でも、そこに被害者が自分の被害を訴えることのむずかしさというのが存在していて、広島とか長崎の場合でも、被爆者が「自分たちは被爆者だ」と言ったとたんに、就職差別、結婚差別、いろんな差別を受けたわけ。福島も同じことに直面《ちょくめん》すると思うのね。福島のごくふつうの人たちは、自分たちの被害を訴《うった》えたくないという非常に矛盾《むじゅん》した心理状態を持っているわけでしょう——補償してほしい、失ったものを取り戻したいと思う反面、自分たちが放射能や原発の被害を受けたということで、どこかで社会的差別を受けるんじゃないか、闘ったところで国は大きいから自分は負けてしまうんじゃないか、やるだけムダなんじゃないか、という不安が一方ではあるわけです。だから、被害者としてきちんと立ち上がって、「自分は被害を受けた、助けてもらう権利がある。私たちに何かきちんと補償する責任がある」と、すっきり言えないのです。

でも、それはやらなくちゃいけない。今まではそれをやらなくて、泣き寝入りをしてきたわけです。そういう歴史を日本はくり返してきたのだけれども、だからこそ今、この福島で日本人が取り戻すべき最大のテーマは「人権」なのです。ほかの被曝をしていない、健全にくらしている人たちと同じようにくらす権利が自分たちにもある、たとえ原発というものを過去に受け入れたとしても、そのことは——過去に原発を引き受けたことは——事故で被害に遭《あ》うことを含《ふく》んでいなかった、ということを明確にして、自分たちの人権運動として立ち上がる必要があるのです。

一人ひとり、かけがえのない命なのであって、自分たちは生きる権利があるし、自分たちの人生を楽しんで、健全にくらす権利が平等に保障《ほしょう》されているんだから、「保障されていない、ここの部分をちゃんとしてくれ」と言わなければ、絶対向こうはやらない。泣き寝入りするのを待っている。

泣き寝入りするようにどんどん仕向《しむ》けるし、メディアもそれに加担《かたん》する。そこはやっぱり乗り越えていく強さが必要なのです。そして、生活するお金も絶対必要です。また、闘いは一人ではできません。どんどん仲間の数を増やさなければ……。

そのときに、日本人がいつも失敗してきたのは、その同じ権利を求める仲間たちの中にまた差別意識が生まれることです。広島でも長崎でも起きたのは、直爆《ちょくばく》（直接被爆）を受けた人とあとから被爆地に入った被爆者のあいだの差別で、直爆を受けた人たちが「おれたちのほうがほんとうの被爆者で、おまえたちなんか被爆のうちに入らない」と。被爆者のあいだでの差別構造が生まれたり、運動が分裂《ぶんれつ》したりしたわけです。

福島で起きているのも、津波で家も流され、家族も失い、そして原発の影響も受けたという被害がマックスの人と、遠くにいて、家も家族も無事だけど放射能汚染を受けてしまったというグラデーションがあるわけ。そのグラデーションの一つひとつのなかで差別化が起きるのではなく、いっしょになって助け合ってやるという関係性をどう構築《こうちく》していくかというのは課題なのです。まだまだ日本ではできたことがありません。いつも分断《ぶんだん》されています。またそれを分断しようという国家権力のやり方が非常に上手《じょうず》なんだよね。こっちにお金をあげてこっちにはあげないということで簡単にできるわけ。「おまえはもらったじゃないか、おれたちはもらっていない」と。で、もらった人たちは、「もうもらったから、お前たちのことはいいや」みたいな……。でも、それでは前に進めません。そこが単に人権意識だけでは解決できない、何かあるんだよね。そういうことが起きるだろうと私は思っています。それを予測して、そうならないように、あなたたちが新しいやり方を何か考えていく必要があるのじゃないかな。

葵　「もらえる、もらえない」というのが私の身近《みじか》でもあって、私のうちは原発から20㎞圏内《けんない》なのですけど、家も家族も無事でした。でも、いとこは、津波で家を失い、職も農業だったので失ってしまって……。でも30㎞圏外《けんがい》だから補償の対象外なんですよ。私のうちは家もあるし、家族も無事だし、父が市役所の職員で職はあるのです。なのに、補償してもらえる。

　私には1つ年上の大学生の兄がいますが、春休みなので3月10日に帰省して、翌日震災に遭《あ》ったんですね。避難もいっしょに1ヵ月以上していて、一応12日に福島からは出たのですが、また福島に戻るということを何回かくり返していたので、兄も確実に被曝はしているのです。大学へ通うために住民票は水戸《みと》市に移していたので、東電に行ったら「福島に住民票がないと補償はできません」と言われました。事実としては被曝しているのだから、そのような「範囲」で補償の有無を決めたり、

18歳以下しか甲状腺検査を受けるお金がただにならないというように「年齢」で医療サービスを限定したりすることに関しては反感を持っています。

鎌仲　そうだよね、それは広島でも同じでした。『ヒバクシャ』の中でも肥田先生が言っていましたが、政府は2㎞で線を引いて、その中に入っている人は1ヵ月に1万数千円くれるけど、1mでも2㎞の外にいれば何ももらえない、と。でも放射能はそこで止まるのか、被害はそこで止まるのかというと、そんなことはないけれども、そうやって線を引くことで切り捨てていくという作戦があるわけです。

しかし、そこはやはり、実際に被曝したかどうかという「実態」に沿《そ》うべきだと思います。「すごく多様《たよう》な実態だから、いちいち対応してられないよ」と向こうはきっと思っているんだろうけれども、でもやっぱり個別対応をすべきなのです。

そうした線引きによってこぼれ落ちる人たちのなかに、自分も補償してほしいということがあったら、補償しなければいけないんだけど、向こうは切り捨てる気でいるので、補償を勝ち取るにはまた闘わなければいけない。そこにエネルギーを使わないといけないから、それだけのエネルギーを使う覚悟《かくご》が全員にあるかというと、やっぱり泣き寝入りしようかという人が大半《たいはん》で、それを向こうは待っています。

そこをどうするかというと、切り捨てられる人たちがエネルギーを使う代わりに、人権をサポートするグループが、その人たちの代弁者《だいべんしゃ》となって前面でやっていく、そしてさらにその活動を後方《こうほう》支援《しえん》していく人たちを増やしていく――そういうやり方が世界的にはスタンダードです。でも、日本ではそれがすごく弱い。これをチャンスにそういう活動を強めていく必要があるし、そういう人権をサポートするＮＧＯとかグループなどに参加してみて、学んでいくことも必要だと思います。

葵　お金が一時的なものしかもらえない現状もあって、100万円あげるよと言われても、これから先、自分が稼《かせ》げたであろう分などを考えると、100万円じゃまずまったく補《おぎな》えないと思います。

鎌仲　東京電力がどれだけ資産を持っているかといえば、何十兆円も持っていて、国との約束で緊急的すみやかに1200億円を賠償にあてなさいとしているけど、それ以上に関しては自分たちではなく国でやってくれと、そうやって自分たちの財産を保持しようとしています。ボーナスも払っているし、役員報酬《ほうしゅう》なんか何千万円も払っている。そういうのは許しちゃいけないと思う。「私たちにそれをよこしなさい、あなたたちのせいで私たちはこういうダメージを受けているのだから」と、東京電力に対して闘わなきゃだめ。やることいっぱいあります。ほんとうに大変です。東京電力の施設が起こしたことだから、彼らはそこで金を儲けていたんだから、東京電力に対して最初に言うべきだと思う。すごくシンプルなことです。

でも、福島の人たちはあまり東京電力をたたかないでしょう。東京電力にはっきりと文句《もんく》を言うには、これまでの何かがあるのかな。みんな、足を引っ張られているところがあるよね、東京電力に対して態度がはっきりできないというか。でも、そういう過去のこととは関係なく、やらないといけないと思います。これまでは、働いていたから正当な報酬として受け取っていたわけでしょう。

そこが、人権意識なのです。人権というものをきちんと学べば、「被害を補償しなさい」ということを、何のうしろめたさも持たずに言うことができるはず。でも、みんなうしろめたいんだよね。うしろめたさが蔓延《まんえん》しているよね。「原発を受け入れてしまったからしょうがないんだ」とか、「これまではお金をもらっていたんだから」とか……。そのあたり、みんなはどうかしら。

沢田　それこそ、原発から放射性廃棄物が出るのに、何も考えずに電気を使っていたとか、そういうところに何かうしろめたさのようなものがありますね。

鎌仲　そういう加害性《かがいせい》は満遍《まんべん》なく、だれにしてもあって、私にもあります。東京にいて、福島の原発から送られてきた電気を使っていて、それを止めることも、何か別のこともできなかったから。加害性は等しくだれにでもあるので、それはあると認めつつも、みんなが被害を受けたこと、生活が立ち行かないとか直接的に失ったものがあるというのは、また別のことです。

これは、当事者がやっぱりことばにする必要があるのです。「ことばの力」をここで立ち上げる必要があると思う。あなたたちの世代が感じている理不尽《りふじん》さとか、あなたたちの世代が「こうしてほしい、こうありたい」ということを自分たちのことばにして、共有《きょうゆう》して、政府とか東京電力にぶつけていくことが必要です。そのことばが力を持てば持つほど、それをサポートする人は広がっていくので、心のなかだけで思っているだけではだめなのです。ことばとして発するということ、ことばを紡《つむ》いでいくことがだいじ。そこから行動が生まれてくると思うのです。

その理不尽さ、もやもやしたものにことばのかたちをつけていく。——最終的に自分たちは何を望んでいるのか、「これだ、こうしてほしい」っていうことをことばにする。このゼミで何か、ひと言でもいいからやってみたらどうでしょう？

?　「3・11」以後のマスメディアは、何を目的として報道をしていると思いますか。（質問Ⅰ—③）

? マスメディアにおける「情報統制《じょうほうとうせい》」ともいえる状況のなかで、人々がメディアリテラシーを高めるためにはどうすればよいと思いますか。(質問Ⅳ―⑱)

斎藤　原発事故が起きて、いろんなことが報道されたときに思ったのは、何がほんとうなのかがぜんぜんわからない、ということでした。政府の情報やマスコミ報道が何を目的に発信されているのかと考えたときに、さっきの水に含まれている放射性物質について「何ベクレル以上あったら危ないけど、この量以下は飲んでも大丈夫ですよ」という話がありましたけど、結局はパニックを起こさないような報道がされているようで、そういう報道のされ方には非常に疑問を感じました。

鎌仲さんの映画を観たときも、イラクのそんな現状を私たちは知らずに、アメリカがいっていることに沿って日本でも報道がされていて、偏《かたよ》った情報でしか私たちはイラクのことを知らないということに気づかされました。それと同じで、今回の事故でも、マスメディアは、ほんとうは起きている事実をすべて伝えるべきなのに、事実の片方《かたほう》しか伝えていない、ということをすごく実感しました。

私は小さいころからすごく報道に関心があって、ずっと報道の仕事をしたいと思っていたのですけど、この事故のあとに「報道って何なの」と思って……。今のメディアは何を目的に、何を伝えようとしているのかがぜんぜん見えないと感じました。

鎌仲さんは、起きていることをそのまま伝えられる映画を個人で撮っていて、テレビ局で番組を作るのと、情報統制のされ方の違いというのをどのように感じていますか。それに、私たち市民が情報を得るときにも、情報統制されていることを見分けていく必要があるのですが、私たちにはまだメディアリテラシーが足りないと思って、そういう点をまとめて教えていただきたいと思います。

鎌仲　いわゆるマスメディアというのは、一方で「組織メディア」という呼び方もあります。でもそれを現場で担《にな》っているのは個人個人なのです。その個人個人が、自分は組織の一員だと、つまり組織の手先となってやっているか、あるいは一個の、一人のジャーナリストとしてやっているか、そこの違いがすごく出てきます。だから十把一絡《じゅっぱひとから》げにNHKはだめだとか、テレビはだめだとかという言い方を、総体《そうたい》としてやっているかもしれないけど、現場で一人ひとりがどうなのか、ということが問われなくてはいけません。

私がイラクで死にかけている子どもを撮影すると、「何の権利があってそんなことをするんだ」「何のためにそれをするんだ」ということが問われるでしょう。「仕事だから来ました」と言ってできないでしょう。でも、みんな仕事でやっているんだよね。仕事という命令系統《めいれいけいとう》で「行ってこい」と言われて……。それでは、そこにどれだけの主体性があるのでしょうか。

私も現場に取材をしに行くと、組織メディアの取材をする人と出くわします。そういう人たちは自分たちを当事者とは思っていません。この福島原発の事故は、この事故に対して取材している自分自身も当事者である、という意識を持ったら、取材の姿勢は確実に変わるはずなのです。でも、「行ってこい」と言われたから来たんだったら、通り一遍《いっぺん》の、言われたことをそのまま取材してそのまま出すという、いちばんエネルギー効率《こうりつ》のいい、手を抜くやり方になってしまう……。「何が問題なのか」とか、「自分たちの命にかかわることだから、真剣《しんけん》に追求しないといけない」という気持ちが出てこないのです。

でも、どんな問題に対しても取材する側は当事者性を持たなければならないはずだけれど、それはすごくエネルギーのいることなので、組織に属《ぞく》したジャーナリストたちにはすごくむずかしいと思う。そういう人たちは、ニュースを撮って報道するときに、「東京電力はこう言っています」とか、「政府はこう言っています」とか、それがあたかも事実であるかのように横流ししている。ただ撮って、右から左に流すだけなのです。

さっき「市民にメディアリテラシーが足りない」と斎藤さんは言ったけど、日本のメディアの構造というのはメディアを作っている側にも足りないの。だいたい大学にジャーナリズムを教える専門コースが少ない。ジャーナリストを養成する専門コースとか専門家がいない。でも、「本来《ほんらい》、ジャーナリストというのはどういう仕事をすべきか」とか、「だれのために仕事をするのか」という根本を教える必要があるのです。

私は別にそういう教育を受けたわけではないけど、自分の体験のなかで学んでいきました。最初はジャーナリストではなく、映画監督になろうと考えて、「じゃあ、どんな映画を作るの」といったときに、「自分の作品」としての映画を作りたいなと考えていました。「自分の作りたい映画を作ればいいや」というのが、私が映画の作り方を学んでいたときの日本の主流の考えだったの。今もそうだと思うけど……、その考えでは、作家が自分の思うものを作って、完成度を上げていくことがゴールなの。私もそう思っていました。

だから、カナダに行ったあとにニューヨークに行った頃は、「自分はプロだから作品を作って、見る人は見ればいいや」というすごく傲慢《ごうまん》な姿勢を持っていたのだけれど、アメリカのメディア・アクティビズム（※）に関わる人たちはそうじゃなかった。彼らによると、マスコミというのは情報操作《じょうほうそうさ》を確実にしていて、それは権力の側とか資本の側に寄りそって、ふつうの人たちをミスリードするようにわざといろいろ情報操作を巧妙《こうみょう》にやっているというのです。当時メディア・アクティビスト運動をしている人たちは、国民健康保険を持ちたいという市民運動をしていました。アメリカには国民健康保険制度がないのです。でも、ものすごく巨大な保険会社産業からお金が出て「そんなものはいらないんだ、ないほうがいいんだ」というキャンペーンがおこなわれています。そういうメッセージがいっぱいマスコミに埋め込められているので、ふつうの人たちは無理解だし、それに洗脳《せんのう》されているのです。原発がいいと思っている人がいるのと同じように、「国民健康保険なんていらないんだ」と思っているわけです。

だから、国民健康保険が必要だということを多くの人たちに知ってもらうためには、自分たちもメディアを持たなければならないと考えて、自分たちで市民テレビを作り、その作る番組を人々に見てほしいということをやっていったのです。そのなかには、マスコミがいかに間違った理解とか、間違った情報を垂《た》れ流しているのかということも批判的に入れたいと言っていました。

※**メディア・アクティビズム**……「メディア・コミュニケーション技術を社会運動のために用いようとする運動。かつ／または、メディア・コミュニケーションに関する政策の変革をめざす運動」。（英語版ウィキペディアより）

参考：以下は、２０１１年7月に、ラジオ番組「ラジオの街で逢いましょう」で鎌仲さんが「メディア・アクティビズムとは」という質問に答えて話されたことです。
「鎌仲さんがＮＹにいた当時、参加していたメディア・アクティビスト集団 Paper Tiger がおこなっていた活動、メディア・アクティビズムとは――
鎌仲：どんな市民活動をしようと思っても一番邪魔《じゃま》になるのがマスメディア。きちんとした情報や正しい理解を伝えようとしても、マスメディアが全く違う情報をプロパガンダで流してしまうので、市民活動をほんとうにやろうとするとメディアの問題をクリアしないといけない、という考え方がアメリカにあって、ディーディー・ハレック〔DeeDee Halleck：メディア・アクティビストで、ペーパー・タイガー・テレビジョンと、最初の草の根コミュニティ・テレビジョン・ネットワークであるディープ・ディッシュ・サテライト・ネットワークの共同創始者。カリフォリニア州立大学サンディエゴ校コミュニケーション学部教授〕という女性が『全米の市民は自分でメディアを作って放送する権利を持っているのだ』という考え方を表明して、権利を獲得する運動を展開したんです。

アメリカでは小学校6年生の子どもから80歳のおじいさんまで誰でもケーブルテレビ局に行くと機材もスタジオも無料で貸してもらって、作り方も教えてもらって、作って持って行くと自動的に放送してもらえる。その作る過程で、如何《いか》に自分が嘘《うそ》をつくかが解ってくるわけです。だから作ることが一番のメディアリテラシー教育。元々、メディア・アクティビズムというのはメディアでメディアを批判するということ。メディアのあり方～メディアが嘘をついている、情報を操作している～ということを分析しながら、オルタナティブなやり方で、同じ問題を、違う情報を入れてきちんと描いて、メディアがこんなに嘘をついているのだ、こんなに歪《ゆが》んでいるのだということを知らせていく活動だったのです。」

（以上、http://d.hatena.ne.jp/ohbayashi/20110802/1312300712より。一部誤記を訂正）

私は、そういう市民テレビを作っている人たちと仕事をしました。仕事というか、みんな１００％ボランティアで、だれ一人としてプロの経験がないのです。でも市民の目線で、「こういうメディアがほしいんだ」「こういう中身の番組がほしいんだ」という明確な意志を持っているのです。それまで作る側でやってきて、そのなかに飛び込んだときに、私は「いったいだれのために作ってきたのか」ということをすごく問われました。

世の中で差別されたりとか、あるいは貧乏くじを引かされたりとか、何かそういう落ち込みを乗り越えていくことが、マスコミの情報発信によってむずかしくさせられている人たちがたくさんいる、ということがわかりました。その構造はアメリカだけではなく、日本にも同じようにあるな、と。私はそちらの加担《かたん》する側にいたのです。でも、市民といっしょに作ることで違う視点を獲得《かくとく》できたので、私の作品を作る姿勢《しせい》は、そこでガラッと変わりました。だれのために作るのかといったら、それはいちばん弱い人、権力ではなく、権力によってひどい目に遭っている人たちを、いかにそこから脱却《だっきゃく》させたり、変えていくか。その力になるために作るのであって、ただ作家のエゴで作るんじゃないんだなと自分は思い至《いた》ったので、そこから作品を作る姿勢がすごく変わったのです。

ジャーナリズムの本質というのは、反権力、反資本というか、虐《しいた》げられている、あるいはひどい目に遭っている人たちのいかに味方になれるかということが基本にある、と私は学びました。組織メディアの中にいても、一人のジャーナリストであるならば、そういう哲学とか、そういう考え方を保持していかなければいけないと思います。ところが今は、マスコミ自体が一つの権力になってしまっている状態でしょう。それは、日本だけではなく、世界中に蔓延《まんえん》していると思う。

そんななかで、個の意志、個人のスピリットをきちんと仕事に生かしていくということになると、組織のなかでは必ず軋轢《あつれき》がある。組織内で闘うという方法もあると思う。組織のなかから変わっていくことは、すごくだいじなことです。でも私はそれには時間を使えないと思ったので、映画を自主独立的に作って発信するという方法を選びました。組織を変えようと思うと、ものすごく地道な別のエネルギーがいるし、私にはそれは向いていないと思ったので。

テレビの制作現場にいる若いディレクターたちから「組織のなかにいても自分のやりたいことができないから、鎌仲さんのように辞《や》めて、自分も自分の作品を作りたい」というような相談をよく受けるのですが、その前に「何のために、だれのためにするのか」ということを問われなければいけないと思う。メディアの仕事をしている人たちは特に……。辞めることが果たしてベストかどうかはわかりません。すごく幸いなことに、私はそれを根底《こんてぃ》から問われる体験をしたので、それはよかったと思っています。

いくつかの大学でメディア制作を教えているので、学生たちから「テレビ局で働きたいんです」とか「映画を作りたいんです」という相談を受けるのだけれども、結局、今のテレビ局に入ってしまうと、「放送労働者」になってしまいます。過重《かじゅう》労働だし、ものすごく忙しい。そこで自分で考えるということが許されない。いかに効率よくやるか、言われたとおりにやるか、ということを要求されます。

だから授業では、自分で自分のメディアを作るスキルを身につける、ということをしているのです。私の若いころと違って今はテクノロジーが発達しているので、小さいカメラで安くて簡単に撮影できるでしょう。それをコンピューターで編集し、You Tubeとかインターネットに上げることができる。それを作るには頭とか理屈《りくつ》ではなくて技術が必要なの。その技術を身につけて発信していく、メッセージを具体的にメディア作品にできる、そういうスキルを学生たちに身につけてもらいたいのです。放送労働者になるのではなくて、在野《ざいや》の市民として、ほかのこともしながらメッセージを映像発信できるという……、そういう人たちが増えてくることが非常にだいじだと思っています。

プロフェッショナルなジャーナリストたちが、組織に飲み込まれて本来の仕事をなしえていないのであれば、市民が足りない穴を埋めるという作業をしていかないかぎり、何も変わらない。組織のなかで自分の生活とくらしを守ろうと思うと、宿命的《しゅくめいてき》に大多数が、ただ言われたままに仕事をこなすメディア制作のしかたをしてしまう。自分の家族の食いぶちを守ろうと思ったら、会社には逆《さか》らいたくないでしょう。でも、そういう人たちが多すぎるのが問題なのですが……。

私が駆け出しのころは、原発を扱《あつか》う番組がまだチラホラありました。スポンサーからクレームがくることを承知《しょうち》で、プロデューサーが「これはもうやっちまえ」と放送してしまうのです。クレームがくると、トップのほうは「いやいや、すみませんね。きつくしかっておきますよ」とか言って、プロデューサーは「しかられちゃったぁ」と……、それですませていたのよね。でも今は自主規制といって、そういうクレームを受けることすらも恐いから、もうやらない。変なことばで言うと「けつをまくる」と言うのだけど（笑）、だれもそういう覚悟を決めてやっていない、腹を括《くく》ってないいんだよね。全部「保身、保身」なのです。

それは別にマスコミだけではなくて、ありとあらゆる日本の社会に蔓延している。つきつめていけば、「自分だけよければいい」「何とか自分の小さい生活を守ればいいんだ」ということよね。それを私は悪いとは思わないんだけど、ジャーナリズムの世界でそれをやってもらっては困るのです。

斎藤　「3・11」のあとに、ちゃんとした事実が報道されていないということに、いろんな人が気づいたと思うんですが、それに気づいて、メディアに携《たずさ》わる人のなかにも何か変わってきていることはありますか？

鎌仲　ある、ある。3月11日、12日くらいに、それまで私の映画のことをぜんぜん紹介してくれなかった新聞社のジャーナリストたちからどんどん電話がかかってきました。何の電話かと思ったら、彼らはマスコミの現場にいるのに、起きていることを知らないわけ。

「鎌仲さん、今起きていることは、実はすごく深刻《しんこく》なことですよね?」

「そうだよ」

「放射能は出ているんですよね?」

「出ているよ。もう来ているよ」

「ぼく、子どもがいるんだけど、やっぱり避難したほうがいいんでしょうか」

「いくつなの」

「4歳」

「そりゃ、避難したほうがいいよ。奥さんといっしょに関西とかどこかに行ったらどう」

「そうですよね、ありがとうございました」ガチャン。

「あれえ? 取材じゃなかったの!」

みたいなのがいっぱいきて……(笑)。普段、原発のことをぜんぜんやってないから、彼らも何が起きたのか、どうやってそれを理解していいのか、わからなかったと思うのです。何人かそういう記者から電話をもらったけど、個人的には子どもはすぐに逃がすように……というアドバイスをしました。

そのあと、特に東京新聞は変わった。彼らは、自分たちを当事者だと思い始めました。東京新聞の記事は、ものすごく当事者目線で作っています。だから、これまで東京電力のやってきたこととか、原子力安全・保安院がやってきたこと、経済産業省がやってきたこと、これまで水面下《すいめんか》にあって私たちには見えなかったいろんなどろどろした不正とか、不条理《ふじょうり》や矛盾、欺瞞《ぎまん》などをどんどん出してきています。

さきほど中里見先生が、「自分たちは原発事故の当事者になってしまい、単なる学問的観察《かんさつ》の対象として客観的《きゃっかんてき》に事故を見られない、そういう出来事だ」と言われたけれど、単に素材《そざい》として料理をするというだけでは、ほんとうに起きていること

＝本質には突《つ》きあたれないのよね。さっきも言ったように当事者性を持たないと。そういう意識が今回のことで芽生《めば》えた東京新聞は、すごくいい記事をたくさん書いていて、ほかの新聞とは違うものになっています。

？鎌仲さん自身のメディアリテラシーの手法や実践《じっせん》について教えてください。（質問Ⅳ—⑯）

飯田詩織《いいだしおり》　鎌仲さんは、講演会で「テレビの報道内容には、圧力がかけられ、都合《つごう》の悪いものは報道されない」というようなことをおっしゃっていました。また、今回の原発事故の報道で明らかになったように、局によって言うことが違っていて、テレビのニュースは信用できないものだと思いました。そんななか、鎌仲さんは、メディアに関わる人間として主にどのような手段を用いて情報を得ているのでしょうか？

鎌仲　今はインターネットです。ツイッターとフェイスブック、この二つにいろんな人たちがすごくリアルタイムにいる。例をあげると、「パタゴニア」というスポーツメーカーがあるのだけれど、そのカタログには「こんな写真、どうやって撮るんだろう！」という、ものすごいワイルドライフの瞬間を撮った写真がたくさん載っています。それは、実はプロの写真家が撮っているのではなくて、アウトドアスポーツをしている人たちに「自分が撮った写真を投稿《とうこう》してください」と呼びかけたら、プロには絶対撮れないような瞬間《しゅんかん》を撮った写真が山のように毎日送られてくるそうです。

つまり、ジャーナリストの数が少ないわけじゃない。でも現場にはふつうの人たちがたくさんいて、今、その人たちが発信するツールを持ってしまったから、「今日、ここにいたらこんなことが起きた」「こんな人に会ったら、こんなことを言っていた」と発信し始めたのです。〝市民ジャーナリスト〟たちも、あちこち取材に行ったり、集会に行ったり、レポートをどんどんしてくるわけでしょう。探究心《たんきゅうしん》のある市民が、ジャーナリストとは違う視点でリサーチをして「こんな記事を海外で見つけた」とか、「海外のこの研究者はこんなことを言っている」、「チェルノブイリではこんな事実があったらしい」とかいうことを、どんどん勝手にネットで発信したり、つぶやいたりしてくるのです。

新聞を読むよりも、ツイッターを10分、ダーッと見るだけでものすごい情報があるのです。それは玉石混交《ぎょくせきこんこう》でガセネタもあるし、精査《せいさ》もされていない、生の、まだよくわからない情報もあるんだけれども、自主規制されたり、うまくオブラートに包まれたりしていない情報もあります。それは、そういうものとして認識して見ていけばいいのです。テレビが持っている偏《かたよ》りがあるように、インターネットが持っている偏りもある。でもインターネットが持っている偏りは、より生に近く、しかもものすごく多様性があるので、私はそっちのほうを情報収集のメインにすえています。その一方で、新聞も読む。朝日も読売も、東京新聞も日経も、海外の新聞にも目を通したりしています。

テレビはあまり観ていないかな（笑）。テレビが伝えられる情報は、インターネットから比べると相当劣化《れっか》しているというか、質も量も少なすぎるよね。でも何ヵ月もかけてすごく一生懸命作ったいい番組もあるので、それは観ます。事前にちゃんと放送されるという告知《こくち》があるので、これは観ておこうかなと思った番組は録画しておいて観ます。でも、それ以外のテレビの外側にある世界とか情報がインターネット上にあります。

私もインターネットで発信しています。同時に映画も作るし、本も書くし、リアルタイムにツイッターで発信もしています。それでまた人とつながってきますね。

? マスメディアとの付き合い方はどのようにされていますか。「3・11」以後、マスメディアから、鎌仲さんに取材依頼がありますか。(質問Ⅳ—⑰)

渡部有紀　先ほど、あまりテレビを観ないとおっしゃっていましたが、鎌仲さんはマスメディアとはどのように付き合っていらっしゃいますか？　また、震災後、マスメディアから鎌仲さんに取材依頼はあったのでしょうか？

鎌仲　マスコミから取材は、ぜんぜん来ないんだよね。テレビからは来ない。来たのはオーストラリア国営放送から2回、フランス国営放送、スウェーデン国営放送とか、そういう海外のメディアのテレビなどに出演しました。でも日本のテレビからはぜんぜん来ません。NHKからは一つだけ来たのだけど、私が英語でしゃべる国際放送でした（笑）。国内放送はまったくなく、震災の直前3月8日にCSの「ニュースの深層《しんそう》」に出たときに、電事連（電気事業連合会）がスポンサーを降りると圧力をかけてきました。そういうことが関連しているのかな、と思うのですが……。

これまでテレビに出て何か意見をいう人で、反原発の人はほとんどいないのです。原発に批判的《ひはんてき》な人はもうテレビに出られないということを長くテレビはやってきたので、いきなり出せないんじゃないのかしら……。小出裕章《こいでひろあき》さんだってあんまり出てないでしょう。原子力資料情報室が発信している、福島原発の設計にかかわった後藤政志《ごとうまさし》さんとか、そういう人たちだってあまり出てきてないですね。そこはまだフィルターがかかっていますよね。

それにテレビに出ちゃうともうだめかな、出てしまったら私はもう自分が言っていることを人に信用されないのじゃないかな、と……。かえってそういうふうに思うよね（笑）。テレビに出るということは、何かどこかで妥協していたり、自主規制をアプリオリに受け入れてしまったんじゃないか、というように思える——テレビが変わったのか、テレビに出るその人が何かを投げ捨てたか（笑）。テレビが変わるということはなかなかないから、やっぱりテレビに出ることで、その人が何かをマイルドにしたりするのかな。

そういう点では、飯田哲也《いいだてつなり》さんはけっこうテレビに出ていますね。飯田さんはエネルギーシフトということで、ポジティブな意見も同時に言うので、それでテレビの露出《ろしゅつ》が高いのだと思います。でも、私がテレビに出て「原発にはこんなリスクがあって、日本のエネルギー政策はこんな根本的な破綻《はたん》をたくさんしています」ということを、そのまましゃべることができたら、それはもうテレビは相当変わったと思いますけど、まだ変わっていないんじゃないかな（笑）。

「マスコミとの付き合い方」ですが、自分自身もメディアを作りますから、30分のインタビューを5分にすることもあります。そこにはやっぱりリスクがあるよね——都合のいいところだけを使われるのではないかとか、ことばをつままれるのではないか、またそこだけ強調されて、誤解《ごかい》を生みながらそれが伝播《でんぱ》していってしまって、まったく違うイメージが伝わってしまうんじゃないかとか……。そういう道具としてのマスメディアは、ほんとうのことよりも間違いを広げる道具になっているのではないかな（笑）。

私が自主上映会をだいじにするのは、一回一回の上映会に来る人数はすごく限られているけれども、誤解が少ないからなのです。直接、生の声で伝えられますし。昨日上映会をしてくださった人たちも、上映にいたるまで何ヵ月もかけてどうやって上映をするのかとか、だれがどんな役割をするのかとか、どのように地域の人たちにこのことを知らせるのかと、何度も何度もミーティングをしてから声をかけてくれる。そして、すごく近いところで話ができるわけでしょう、誤解は少ないですよね。

　だから、マスコミは両刃《りょうば》の剣《つるぎ》です。いっぺんに伝播する効果もあるけれども、物事を単純化して、結局は違ったところに行ってしまう、ということも多々あります。そういう両方の面があるということを知っておくべきでしょう。

? 廃炉後《はいろご》の雇用問題や地域振興（経済）の問題をどう解決すべきと思いますか（質問Ⅲ―⑩）

新潟梅子　私たちのゼミでも、雇用問題とか、原発は地域振興にほんとうに役立っているのかということをテーマにして、調べたグループがレジュメを作ってそれを参考に話し合ったりしたこともあったんですけど、そのあとに映画『六ヶ所村ラプソディー』を観て、再処理工場に賛成か反対かというなかで、割と賛成の方も出ていたと思うんです。どうして賛成かというと、働く場がなくなるからだと。でも、原発や再処理工場はなくしたほうがいいという意見も多い。そうすると、なくなったらやっぱりそこに働く人の職がなくなってしまうので困《こま》る人が出てくる。けど、なくしたほうがいい、でも職がなくなってしまうという、そこがむずかしいなと思って……。

鎌仲　堂々巡《どうどうめぐ》りだよね。それはまず、根本として原発がもたらすお金、そして雇用《こよう》というものを十把一絡《じゅっぱひとから》げにして、ただ漠然《ばくぜん》と「雇用とお金が原発によってもたらされている」と考えるんじゃなくて、内容をよく学んで分析《ぶんせき》して考えないといけない。まず、原発がどんなお金を地域に持ってくるのか、どんな経済効果を地域に持ってくるのか、という中身を精査する必要があると思います。

そこをよく分析して考えると、まずは「原発を受け入れてくれてありがとう」と言われて、電源《でんげん》立地交付金《りっちこうふきん》という税金が自治体に入ります。そんなものは、ほかの何にもついてないでしょう。工場を立てました、ありがとう、といって国から税金で何十億もお礼が地域に来ることなんてないでしょう。それはすごく異常なことです。

では、なぜそんなものが払われるのかというと、それは原発には事故を起こすリスクがゆくゆくはあるかもしれないから、その「リスクを受け入れてくれてありがとう」というお礼なのです。だから、「あらかじめ、あなたたちにはそういうものは渡してあるんだ」というようなことです。

そういうお金がついていなかったら、福島県知事は原発を受け入れないと思う。「飴《あめ》」がついているる。おいしい甘いものが危険なものにくっついていて、危険なものはイヤだけど、この飴があまりにも魅力的《みりょくてき》だから……。でも、その飴だけを取るわけにはいかない。飴をつかんだら、それで危険なものもついてきたわけです。

もう一つは、原発を立地してそこに置くことで、いろんな仕事が発生します。原発施設で働いている人たちに弁当を入れる業者もあれば、事務用品を入れたり、建設のことで建設業の仕事を得ることもできるとか、なかに入って被曝労働をするとか、種々多様《しゅじゅたよう》な仕事が生まれます。

それはほんとうにその人たちの選択として、その仕事を選んだのかどうかということを考える必要がある。被曝労働に関していうと、たとえば1日15分しか働かないのに、3万円もらえるとか、そういう類《たぐい》の仕事なのです。六ケ所村《ろっかしょむら》の再処理工場のなかで働いている上野さんは、そこの施設にキャスク（放射性物質の輸送容器）を受け入れて、被曝をしながら、キャスクのなかから燃料棒《ねんりょうぼう》を出して、汚染されたキャスクを洗うという仕事を毎日やっているわけです。大変な仕事だよね。私が彼に、「もともとそういう仕事がやりたかったのですか、選択肢《せんたくし》があったらほかにやりたい仕事はなかったのでしょうか」と聞いたときに、「いや選択肢があれば、違う仕事のほうがいいけど、これしかないんだから、今そんなことを言ってもしょうがない」というようなことを言われました。

まず、第一次産業の切り捨てとか、過疎地《かそち》の切り捨てなどがあって、「選択肢がない」ってあらかじめ思わされていく、そこに独占的に雇用市場《こようしじょう》を原発が取ってしまうことが起きています。それが長年続いたので、固定化してしまって、六ヶ所村でも、あるいは福島の立地地域でも、「それ以外に選択肢がないから、ほかのことは考えにくい」という状況が生まれているのだと思うのです。

さっき言ったように、電源立地交付金と、実際ほんとうに働いて労働の対価《たいか》を得る仕事とは分けて考えなくてはいけないよね。その次に考えないといけないのは、ものすごく儲《もう》かる仕事だから、ほかの仕事をするよりも多くの収入を得ることができるというイメージが原発にはあるでしょう。だから地道に農業とか漁業をやるよりも原子力関係で働いた方がカッコイイし、給料もいい、と。それが魅力《みりょく》になって、原発による雇用を失いたくないと思わせているわけです。

でも今、こういう事故がほんとうに起こってしまって、ではあの福島県第一原発、福島第二原発、そして福島県にあるあの10基の原発を、福島県民はどうしたいのか、どうしたらいいのか――それについてみんながどう考えているのか、聞いてみたいんだけど。新潟さんはどうするべきだと思う?

新潟　止めたら止めたで、やっぱりそのあとの雇用が気になるし……。

鎌仲　でも選択しなきゃいけないよね、それを続けるのか続けないのか。

新潟　自分のことよりも、それを続けることで、日本全部が被害を受けるんだったら、自分を犠牲にしないといけないとも思う。

鎌仲　「犠牲」になる部分はなんですか？　続けることで得られるメリットって何ですか？

新潟　お金とか、ステータスとか……さっき言われた、農業をやっているよりも「カッコイイ」というような意識もあるだろうし。

鎌仲　そうか。ではお隣《となり》。

渡部　原発は続けないほうがいいとは思うんですけど、交付金《こうふきん》を得てもどんどん減っていくということを聞いたので、できるならば原発を始めなくてすめば、そういう負《ふ》のスパイラルに巻き込まれずにすんだし、もともとあった産業も守られたのではないでしょうか。これからの方向を選択するにも、原発を止めて片づけるにもリスクがあって、今の政府は、続ける選択をしたときと同じように、止めて片づけることにもお金を出してもらえるかどうかが疑問です。

鎌仲　なるほど。では、隣の吉田君。

吉田小次郎《よしだこじろう》　ぼくも止めなきゃいけないとは思うんですけど、もし自分が上の立場の人になっていて、原発関係で働いていた人の責任を負《お》っている立場だったら、止められないかもしれない。

鎌仲　自分自身はどう思う？

吉田　自分としては、止めたい。

鎌仲　では小野寺君。

小野寺　止めることしかないなと思うけど、今は止められない。今、原発を止めたら電気料金の関係もあるし……。

鎌仲　いちばん止めることの障壁《しょうへき》になっているのは、何？　純粋に、単純に「止めればいいじゃん」と言えない理由は——。

小野寺　自分が気になっているのは、日本の経済のことかな……。

鎌仲　日本の経済のことを心配しているのね（笑）。

小野寺　今の段階では、原発を止めたら火力発電じゃないですか……。

鎌仲　自分が電気を使えるか使えないかということよりも、日本全体が、電気が足りなかったり、経済が落ち込んだりしたら困るな、ということ？

小野寺　だから福島の原発を止めるのはむずかしいな、と。

小野寺　う〜ん、もうちょっと時間をください。

鎌仲　では考えていて……（笑）。次は沢田君。

沢田　自分は、四《し》の五《ご》の言わずに止めるべきだし、すぐ止まったって問題ないと思うのです。雇用問題とか経済なんていうのは二の次じゃないかと思うんです。原発をすぐ止めて損が出る人には、一生ちゃんとくらせるように国が何とかすればいいという話で。止めてみればいいんじゃないですかね。それこそ原始時代は原発なんてなかったし、電気だってなかったんだから、原発を止めて困ることは、人が生きるうえで本質的にはないはずなんですよ。今の世界はそういうふうにはなってないですけど、止めてみればどうとでもなると思うんですけど。

鎌仲　なるほど、沢田君はそう思うのね。香川君は。

香川　自分も止めたほうがいいと思うんですけど、ただやっぱりそうなると雇用問題とかありますよね、そこらへんをちょっと……。

鎌仲　それを、福島の大学のいろんな友だちがいる中で、「やっぱ原発止めたほうがいいよな」って言うと、つっこまれる？　「おまえ、そういうこと言うけど、あれはどうするんだ、これはどうするんだ」とか言われるような雰囲気《ふんいき》なの？　まわりにいる人たちが「おまえそういうこと言うなよ」という人たちがいる？

香川　そういう人もいると思いますけど、それは多種多様《たしゅたよう》ですよね。鎌仲さんが言われているように、エネルギーシフトしていく必要がありますし、雇用もエネルギーシフトをしていくなかで、それに携《たずさ》わる仕事も生まれると思うんですよ。それに原発の雇用をどんどん転換していくことで原発は必要なくなる。安全面からみても、そっちのほうが絶対いいと思いますし、そういう方向で原発を見直していく。

鎌仲　うん。お隣の遠藤さんは。

遠藤　私も原発はなくなったほうがいいと思うんですけど、今すぐになくすということは、そこで働いている人とか、まちが原発で成り立っているところとかに、大きい問題が……。

鎌仲　成り立っていたんではなくて、それで滅《ほろ》ぼされたんじゃないの（笑）。

遠藤　でも、それで満足しているところもあるし、「なくなったらどうする」という話を聞いたことがあって。

鎌仲　「なくなったらどうする」の中身は何なんだろう……。

遠藤　「原発で生活が成り立っているから、今なくなったら生活できない」ということを言っている人を前にテレビで観ました。ほんとうに今なくしてしまったら、なくしてほしくないという人たちは、これからどうするんだろうと思って。

鎌仲　なくしてほしくない人は、なぜ「なくしてほしくない」って言ってるのかな、具体的には…。

遠藤　「自分たちのくらしは原発によって支えられてきた」って思っていて、原発のおかげで雇用が生まれて、年金も出ていて、それがなくなっては自分の生活の基盤《きばん》がなくなってしまう、と。今すぐなくなっちゃったら、くらしの基盤もなくなっちゃうので。

だからこれからどうするという場合には、地道《じみち》に変えていくしかないのかなと思うんですけど。そういう人たちのためにも、考えていかないといけないこともあるかなと思うんです。

鎌仲　なるほどね。そういう人たちってどれくらいいるの、福島にいる実感として。福島県民の人口200万人のうちどれくらいがそう感じているのかしら。

遠藤　浜通《はまどお》りの原発立地地域の人たちが中心だと……。

鎌仲　でも浪江《なみえ》町とか双葉《ふたば》町の町長は、それとは違うことを言っているよね。

遠藤　そのテレビは、佐賀県の玄海《げんかい》原発かどこか西日本の話で、「原発がないと生きていけない、基《き》盤《ばん》がなくなっちゃう」と思っている地元の人が出ていました。

鎌仲　それを観て、そう思ったのね。わかりました。では、次のかた。

飯田《はんだ》　原発は止めたいし、止めたらいいと思う。今すぐとか、長期的にとか、いろんな考えがあって、考えるとややこしくてよくわからなくなっちゃうんですけど……。

これまでの話を聞いていて、映画の『フラガール』（※）の話を思い出しました。ハワイアンセンターができたのは炭鉱《たんこう》を止めたことがきっかけで、炭鉱で働いていた人の新しい職場がハワイアンセンターになったんです。最初はみんな反対していたけれど、今では地域の活性化《かっせいか》の役に立っています。原発の問題に関して、雇用問題とか地域振興をすごく心配しているけれど、言い方は軽くなってしまいますが「どうにかなるんじゃないか」と思っています。原発は止めたいし、止めてほしいです。原発の代わりになるようなものを地域で何か見つけられれば……みんなが楽しめるようなものを見つけることができれば、うまく進むんじゃないかなあ。

※『フラガール』……李相日監督。２００６年。１９６６年、大幅な規模縮小に追い込まれた福島県いわき市の常磐炭鉱で働く人々が、町おこし事業として立ち上げた常磐ハワイアンセンター（現在、スパリゾートハワイアンズ）の誕生から成功までを、実話をもとにして描いたヒット作。

鎌仲　そうね。では斎藤さん。

斎藤　私は、原発は止めてもいいと思う。日本は原発に頼っていますけど、でも実際は自然エネルギーの技術はあって、研究も進んでいるから、やればできないことは絶対にないと思う。それを、ただ原発を推進するために隠《かく》しているというか、100％出していない。ドイツなどのヨーロッパでは、自然エネルギーをどんどんやっているし、日本にだって同じような技術があるなら、それを出していけば、そっちのほうに雇用も生まれるし、原発に頼《たよ》らないコミュニティを絶対に作れるから、原発はなくしてもいいと思うし、なくしていくほうがいい。

鎌仲　では、お隣は。

有住　私も単純に、ふつうに今回のような事故をくり返さないためにも、原発はなくなってほしいと思っています。今回の事故は原発自体が古くなっていたとかあると思うけど、やっぱり地震などいつ何があるかわからないので、また同じように事故が起こったら、今度は日本全体が取り返しのつかないことになると思うので、そういう面からみても原発はなくなってほしい、なくすべきだと思います。自然エネルギーへのシフトの話で、「その地域で自給する」というのが私はほんとうにいいと思って、それがどんどん日本中に広がっていってほしいなと思います。

鎌仲　はい。では葵さん。

葵　私は今回のことで、県がお金だけを欲して原発を取り入れて、でも立地周辺の人には安定ヨウ素剤とか配らなかったという現状もふまえて……。あと、なんで東京の人のために福島から電気を作ってあげなきゃいけないのかという考えも持っていて、東京の人のために作っているのに、東京の人は、「まあ福島で起きたことだし」とか、福島を差別するとか、そういうのも姉が今東京にいるので実感していて、このまま福島に原発を残してもメリットが見出せないですね。健康被害が進行していくし、福島第二原発はまだ使えるとか、政府は再稼働《さいかどう》させたいとか言っていますけど、ほんとうに原発を続けることにメリットを見出せないので、止めるべきだし、止めてほしいと思っています。

鎌仲　なるほど。では、次は飯田さん。

飯田《いいだ》　私も原発は止めてほしいと思います。原発は実際に被害を受けた人たちじゃないと、その恐ろしさがわからないと思うんです。

原発によって大きな利益を得られると言うけれど、今回の事故で起こった農業や産業の損害額《そんがいがく》はそれをも大きく上回っています。世間で原発の話がタブー視《し》されているのは、原発から恩恵《おんけい》を受けている人たちがいるのは確かなので、もしそれがなくなってしまったらどうなるかわからないという思いと、福島周辺に住んでいなければ「自分は原発事故とは関係ないからどうでもいい」という思いや、「事故が起こらなければ安全だ」といった思いがあるためだと思うんです。そして、そういう要因《よういん》があるから、「原発はなくてはならない」と多くの人たちが思い込んでしまっているんじゃないでしょうか。

でも、原発が必要な理由は、ほんとうは明確なものじゃなくて、私たちが思い込みで作り上げているんだと思います。たとえば、原発がなくなった場合、雇用の問題が生《しょう》じると言われますけど、別に原発じゃなくても、その地域の特色を生かした産業などを発展させて、そこに就職するというようなかたちにすればいいと思うので、「雇用の問題があるから原発を続けなければいけない」とは言えないと思います。

そして何より、今後またこのような事故が起こってほしくないです。とにかく、私は原発はいらないと思います。

鎌仲　なるほどね。これでグルッと回ったのかな。小野寺君はまとまった？

小野寺　まとまりました。自分も原発がないほうがいい。でもそれは今すぐやめるんじゃなくて、今が原発を全部なくすための準備期間だ、と。今回の福島の事故が起きる前からずっと準備期間だったと思うんですけど、事故の前は、国民の意識としては原発がほんとうに怖いものだとわかっている人はごく少なかったと思うので、今回の原発事故が起きて、準備しないといけないと気がついた人もいるし、拍車《はくしゃ》がかかってきたので、ほんとうに動き出さなければならないのは、事故が終わってからだと思うんです。

原発が完全になくなるまでは時間がかかると思うので、その準備期間は長いかもしれません。期間が長くなるにつれて、今すごい反原発を掲げている人も、心が折れちゃうっていうか、それに生活のためのお金のこともあるし、お金を積み上げられたりして変わったりとか。

震災が起きてからはマスメディアには毎日、原発の問題について取り上げられて、今まで知らされていなかった問題も取り上げられていたけど、今、1年経って、たまにいろんな問題があれば取り上げられるかもしれませんが、一面に取り上げられることもなくなって、なんかもう事故は収束《しゅうそく》したんじゃないかと多くの人が思っているように思うのです。自分だって福島にいてもそう思うことがあるし……。だから必要なのは、今回自分たちが鎌仲さんたちとこうして話をして、危機感《ききかん》にあらためて気づいたし、さらに今まで知らなかったことも知ることができたし、そういうことをその期間ずっと継続させるべきだと思います。

鎌仲　そうだね。原発を止める止めないということは、すごくシンプルな問題なのだけど、そこにくっついてくるいろんな複雑《ふくざつ》なものがあるんだよね。エネルギーのことだけではなくて、そこにくっついてくる政治とか、民主主義とか、健康の問題とか。原発に依存《いぞん》している人たちもすごくたくさんいるし、必要としている人たちもたくさんいて、原発はただ単に電気作っている施設とはいえない面がある。

先ほど、アメリカのメディア・アクティビスト集団の話をしましたが、一つそのエピソードを話します。アメリカのほんとうに貧《まず》しい人、黒人女性とか、移民とか、難民になって来た人たちが、国民健康保険がないせいでお医者さんにかかれないという問題があります。世界中の先進諸国で、国民健康保険制度がないのはアメリカだけなのです。以前は南アフリカ共和国にもなかったのだけど、もうアメリカだけになってしまった。

私はカナダからアメリカに行ったのだけど、隣のカナダでは、一枚のクレジットカードのようなものがあると、すべての国民が平等に医療《いりょう》サービスを受けられる。一定の回数はただで、マッサージもあるし、鍼《はり》もあります。鍼は6回までとかね。ところが、国境をまたいでアメリカに入ると、国民健康保険がないから、ものすごく高いお金を払って保険会社と医療保険契約をしないといけないのだけど、「ガンになりました」「医療費を補償してください」「入院費出してください」と言うと、契約がものすごく複雑になっていて、実はそれは補償しないと書いてあったりするのです。それで、結局もらえない人たちもすごく多いの。

それで国民健康保険を作らせるための運動があるんだけど、その一方で、「国民健康保険はいらない」という運動をしている（させられている）グループもあって、それがものすごく貧しい人たちなの。なぜかというと、やっぱりだまされているのです。ほんとうはいちばん必要としている人たちが、「国民健康保険なんかができちゃうと、もっと税金が高くなる」というようなウソの情報を教えられたり、「国民健康保険ができると医療サービスが単純化《たんじゅんか》してしまって、多様なサービスを受けられなくなるのよ」とか、まったく違うことを言われたりして、それを信じてしまっている。「国民健康保険になったら、たくさんある民間《みんかん》の保険会社の人たちが失業してしまう」などと言われてね。それで、プラカードを持ってデモしているわけ。「国民健康保険を作るな!」と。

国民健康保険の必要性をほんとうにわかっている人たちは、それをみて、「この人たちをいったいどうしよう」と頭を抱《かか》えてしまった。そういうウソの情報を信じ込まされた人たちの意識を変えるのはすごくむずかしい。「原発がなくては自分の生活基盤が成り立たない」と思っている、思わされている人たちにも、それと似ているところがあって、ほんとうにそうなのかどうなのかはよくわかっていないのではないかな。

これは、単純に原発を止める止めないということではなくて、エネルギーシフトで――このことばでもまた単純化されているんだけど――「産業構造《こうぞう》」が変わっていくということなのです。産業構造が変わることは歴史のなかで何度も起きていて、日本では戦争が終わったあとに、農家の人たちが次男や三男坊、あるいは長男でも、会社で働いてサラリーマンになったほうがいい、と言われた。日本は食糧《しょくりょう》を自給自足《じきゅうじそく》できなくても経済成長して、車を売っていっぱいお金を稼《かせ》いだら、そのお金で輸入すればいいんだ、という政策を取りました。国としてものすごく大きな政策転換です。漁業でも食べられなくしたし、農業でも食べられなくしたし、林業でも食べられないわけ。つまり、そういった産業を見棄《みす》てたわけです。だからみんな農業を棄てて都会に出た。「もう農業なんてやってられないよ、食べていけないいんだから」と、都会にどんどん集中していってサラリーマンになったり、あるいは原発を受け入れたりという選択を、大きな構造の変化のなかでさせられちゃったのです。それで、どんどん日本の食糧自給率《しょくりょうじきゅうりつ》は減っていっているし、日本の食料輸入量は増えている。その食料をいっぱい、また捨てているんだよね。

「野菜を作ったり、魚を獲ったりする仕事というのは、そんなに価値のない仕事なのか?」「それで食べられないっていう社会ってどうなの?」という大きな疑問を、原発を止める止めないという議論の前に、私は持たなければいけないと思うのです。なぜ原発を受け入れたのか。それは、単に交付金《こうふきん》としてお金がいっぱい落ちてくるからという以前に、そういう大きな産業構造を転換する国の戦略《せんりゃく》があって、百姓でも食べられない、漁師でも食べられない、そういう仕事に就《つ》いていること自体に誇《ほこ》りを持てない。でも、最新技術の原発を受け入れると、お金もくっついてくるし、そこで働くことはカッコイイ。そういう持っていかれ方を日本全体がされてしまったのではないか、と思うのです。

そういう大きな戦略というものを、もっとその外側から見たほうがいい。みんな内側から見ているでしょう。私は『ミツバチの羽音と地球の回転』について、昨日の講演会で、「なんで、こんなわかりにくいタイトルにしたんですか」と聞かれて、「こういう、いろんな意味があるんですよ」ということを答えたけれども、もう一つ意味があるのです。

私たちは、一人の小さな個人として、自分の食いぶちを稼《かせ》いで、日々ご飯を食べて、家を守って、生活をしていくっていう生活者です。それは一匹のミツバチが、蜜《みつ》があったら蜜を採《と》る、それを巣に運んで行って子どもにやるのと同じように、すごく大切な営《いとな》みなのだけど、でも、自分たちがやっていることを全体として「どうなの?」「どういう意味を持っているの?」ということを、私たちは人間だから、もう一つ別の視点で客観的に見ることができる存在だと思うのです。

だから「地球の回転」をイメージして、地球の外から人間のやっていることを、「ほんとうにこれは持続可能《じぞくかのう》なこと?」「やり続けていけること?」というように外から問いかけたときに、自分たちの日々のくらしのなかでは「やっていてあたりまえ」だし、「だいじなこと」と思っていることが、「実は違うことかもしれない」というように見えてくるかもしれない。「これはくらしの基盤《きばん》だから、なくせない」と、しがみついている人たちの気持ちがあるときに、「そうではない選択肢もまたある」ということを提示《ていじ》すること、「ほかに選択肢がある」ということがすごくだいじだと思う。原発を積極的に選ぶ選択肢もあれば、自然エネルギーとか、農業とか漁業でも食べていけるとか……。被曝しなくてもいいし、事故のリスクも抱《かか》え込まなくてもいいという、もっと豊かな生活のしかたが選択肢としてあって、それで生活していけるんだったら、それを選択することだってありえるのです。

その選択肢をあらかじめ奪《うば》われていって今に至っているんだと、私は理解しています。しかもその選択肢は、自然に奪われていったのではなく、国策《こくさく》としてそういう方向に持っていかれたのだと思う。それは、単純に電気をどうするのかという問題を超えた、大きな枠《わく》のなかでおこなわれたことだと思う。

私はよく、ジャーナリストにも同じことを言われるのです。私の映画を観る上映会が各地であるでしょう。そうすると、取材にきた朝日新聞とか読売、毎日などの支局の若い記者が、「鎌仲さんはそう言うけど、雇用《こよう》の問題はどうするんですか」って(笑)。「あなたはジャーナリストだったら、もっと大きな視点で構造そのものをみたらどうかしら」って答える。「なんで原発を受け入れざるをえなくなったのか、その根本《こんぽん》の原因が何なのかということを考えてみたほうがいいんじゃないかしら」と。

雇用はほんとうにそこだけにしかないのでしょうか？　なんでそこにある豊かな大地で農業をして、まっとうにお米を作ることで食べていけないのか？　そんな国がどこにあるのか？　食糧生産を軽視《けいし》しているわけです。何かあったときに大変ですよ。これから石油がなくなって、大量の食糧を日本に運んでくるということが、ほんとうにこれからも可能でしょうか。その二つの視点――「ミツバチ」のような生活者の視点と、「地球の回転」を外から眺《なが》めることのできる人間の視点――で考えるべきだと思う。一人のすごく小さな人間の思いや感情とかもすごくだいじです。だけど一方で、大きな構造も同時にみなくてはいけない。

原発を止めないということは、とても複雑な問題をはらんでいます。でもシンプルに言えば、「電気は足りるんだろうか」「私たちの仕事やくらしはどうなの」ということの二つに集約されるわけ。で、電気は足ります。電気は、足らせようと思えば足りる。今、原発は3基しか動いていない（２０１２年2月20日現在）けれども、電力不足にはなっていません。

では、経済的に火力発電でやっていけるのか、石油を買い続けていいのか、という問題があるけれども、先日、田中優《たなかゆう》さんとそれをメインにして話したときに言ったのは、日本はもっともっと省エネできる、ということです。日本ほど無駄《むだ》に電気を使っている国はありません。もっと効率《こうりつ》を上げることもできます。「より多くの電気を作り、より多く消費する」というのではなく、「より少ないエネルギーで、今のような利便《りべん》さや快適《かいてき》さを生み出すことができる」という成熟したエネルギー社会をめざさないといけない。り上げたのは、私がスウェーデンを取り上げたのは、そういうことを明確に掲げてやっている国だからです。

どんなに努力しても、まだまだ「持続可能」には至れていません。地球全体が生み出すエネルギーの総量《そうりょう》は、私たちが消費しているよりも、もっともっと少ないはずなのです。1年間に再生産できるエネルギー量はものすごく少ない。それにどう合わせていくのか、等身大《とうしんだい》にしていくのか、という課題を抱えているわけで、ウランを燃やしてリスクも抱えながらいっぱいエネルギーを作って、それを使うことで生み出される文明というもの、その不可能性ということに気づかないといけません。

それに気がついたら、「では、これからどうするのか」というのが疑問だけど、いろいろ工夫してできることがあるのです。たとえば、原発を今すぐ止めて、電気を起こすという作業を原発にやめてもらって、停止したあとにできる仕事は、「ディコンタミネーション（decontamination）」つまり「浄化《じょうか》」をすること。放射能に汚染された原発本体、そしてそこに詰《つ》まっている放射性物質をいかに安全に管理するのか。外に放出されてしまったものを、土壌《どじょう》とか、環境とか、水とかを、いかにきれいにしていくのかっていう仕事です。福島は、そういう技術を開発するセンターになるべきだと思います。

原発を解体《かいたい》して安全に管理するまでに、1基ずつやっていったとしても、何十年かかるかわからない。原子力産業に関わりたい人は、その解体と浄化の仕事にシフトしていくことができると思う。だから原発は止めても仕事はなくならない。「止めたら仕事がなくなるんじゃないか」という不安は、そういう意味で解消してあげる必要がある。彼らは不安だからそれにすがりついているわけで、「止めてもなくならないんだよ」と伝えていかないといけない。

汚染をきれいに、ほんとうに元に戻していく仕事は何十年も続く。世界中に今、原発は440基あるし、放射能汚染された土地もたくさんあるので、そこをいかにより安全に浄化していくのかという技術を、日本人が開発して福島から発信していくのです。それを意識的にめざせば、できるのではないかな。それが理想だなと思っているのですが……。

? メディア人のお一人として、今後何を発信するつもりですか。また、次回作は。（質問V—⑳）

? 鎌仲さんが起こしたい本質的な変化に、上映会や講演会などがつながっているという実感がありますか。鎌仲さんが声を届けたい人々の層《そう》に、鎌仲さんの声が届いていると思いますか。また、政治家など、問題に気づくべき人たちに鎌仲さんの声は届いていると思いますか。鎌仲さんの活動の原動力は何でしょうか。（質問V—㉑）

? 取材活動を通じた、鎌仲さんご自身の健康被害（被曝）をどう考えていますか。（質問V—㉒）

中里見　終わりの時間が近づいてきました。残った質問のどれか一つを答えていただいて終わりにしましょう。

鎌仲　たくさん残っているので、多数決で決めましょう。「V」の柱の3つの質問の中で、手を挙げてもらって……。21番が多かったね。

これはね、すごく届いていると思います（笑）。特に長野県では、「自然エネルギー信州ネット」（※）というのが始まっていて、松本、長野、上田などでそれぞれ市民グループが立ち上がって、自然エネルギーを事業化して、市民の手で作っていくというネットワークができたのだけど、その一つひとつの母体が全部、『六ヶ所村ラプソディー』を上映した主催者《しゅさいしゃ》なのよね。彼らは地道《じみち》に活動して、何年もやってきていたんだけど、今回の事故を受けて長野県知事が「うちの県も自然エネルギーでやろう、そういう市民を応援するよ」と言うと、その人たちが「待ってました！」と立ち上がって、ネットワークをして、実際にもっとパワフルに動き始めたりしています。

※**自然エネルギー信州ネット……**「『自然エネルギー信州ネット』は、市民・企業・大学と行政機関がつながって長野県内における自然エネルギーの普及をめざす協働《きょうどう》ネットワークです」。（同ウェブサイト http://www.shin-ene.net/ より）

そういう、ある地域と別の地域でやっている人たちがネットワークをして、つながるという動きが全国規模《きぼ》で起きているのです。これまでは、原発54基、17サイトそれぞれの地域のなかで少数派として、ほんとうにもう疲弊《ひへい》しながら……、心を折《お》られながら活動してきていました。その地域のなかでは少数派だから、変わり者だと思われて、孤独《こどく》だとか、あるいは孤立無援《こりつむえん》というような孤立感があったんだけども、今は各地でやっている人たちが、ものすごくパイプを作って、つながり始めました。このあいだも（2月12日）、「六ヶ所村ラプソディー東北サミット」というのを仙台でやったのだけれども、もう3回目なのです。『六ヶ所村ラプソディー』を上映した東北の主催者たちが一堂《いちどう》に会《かい》して、どうやったら再処理工場を止め、原発から脱却していくことができるか、知恵を出し合いました。

そういう仲間づくりがすごく進んできて、岩手県議会も巻き込まれてきたし、長野県の各市議会も市民グループの声に耳を傾《かたむ》けて応援するということもやり始めてきました。裁判についても今度、佐賀県で１０００人の原告で裁判（※）が始まるのですけど、それには全国から集まってきている。このあいだ（1月14日、15日）は横浜で、「脱原発世界会議」（http://npfree.jp/）をやったのですが、もし日本が脱原発に進むんであれば、何かで手伝いたいと思っている人たちが世界中にいっぱいいる。そういうところに行くと、「映画を観ました」という人たちがたくさんいます。

※ 佐賀県で1000人の原告で裁判……「玄海《げんかい》原発訴訟《そしょう》で追加提訴《ていそ》原告計3千人、過去最多。

九州電力玄海原発（佐賀県玄海町）全4基の運転停止などを周辺住民らが求めている訴訟で、さらに1370人が12日、佐賀地裁に追加提訴した。原告数は佐賀など36都道府県の計約3千人となり、弁護団によると原発訴訟としては過去最多。弁護団は、九電川内原発（鹿児島県薩摩川内市《さつませんだいし》）の運転差し止めなどを求める訴訟を、別の原告団が5月30日に鹿児島地裁に起こすことも明らかにした。玄海原発についても3次提訴する方針。提訴後の報告集会で、原告団長の長谷川照《はせがわあきら》・前佐賀大学長は『1万人の原告も現実的になってきた。国を動かしていこう』と話した」。

（西日本新聞 http://www.nishinippon.co.jp/nnp/item/291465 より）

私は、いっぺんに変えることに意味があるとは思っていません。どうしても時間はかかるけれども、個人個人の意識のなかで転換が、その人の意志によって起きていかなければいけない。そうでないと、またすぐひっくり返されるから。「だれかが言っているから」とか、「みんながこれをやっているから」ではなく、一人が一人の個人としての意志を持って「こうだ！」というくらいの根拠《こんきょ》を得てほしい。そのために一生懸命、一生懸命やっています。それが届いていなかったら、やっている意味がないでしょう（笑）。届いている実感を私は持っています。どんどんそれは強くなっていますし、私の原動力《げんどうりょく》は、そういう人たちに届いているという実感に支えられています。フィードバックがどんどん来るので、「やっていくことに意味がある」と教えてもらえるし、そういう人たちから私はエネルギーを得ているという感じです。

次回作は、『内部被ばくを生き抜く』（※）というものです。今は、事故の前よりも厳《きび》しい時代です。健康被害のリスクは高まっています。だけど、やっぱりそのリスクを乗り越えていく工夫をしなければ……。前向きに生きないといけないと思っているので、その知恵をいろいろ持っている人に話を聞いて、集約《しゅうやく》して、みんなと共有したいと思っています。

※『内部被ばくを生き抜く』……鎌仲ひとみ監督。2012年、80分（Hivison）。環境テレビトラスト製作。肥田舜太郎、鎌田實《かまたみのる》、児玉龍彦《こだまたつひこ》、スモルニコワ・バレンチナの4人の医師が内部被ばくに関する見解や対策を語る。また、福島二本松市に住む佐々木家の被ばくを避ける取り組みを紹介している。目に見えない放射性物質とその影響を視覚化して伝えるために製作された。（http://www.naibuhibaku-ikinuku.com/）

今回作っている『内部被ばくを生き抜く』は、短編80分くらいのものなんだけど、その次は長編のドキュメンタリーを作ることを決めています。それは、かつて『六ヶ所村ラプソディー』を作ったときに、水俣《みなまた》の映画を作り続けた土本典昭《つちもとのりあき》さんという監督が最後のほうに出てくるのですけど、彼は新聞の切り抜きが大好きで、新聞の切り抜きをファイルにしてすごくいっぱい持っていて、『原《げん》発切抜貼《ぱっきりぬきちょう》』（※）という映画を作っています。それはメディアがいかに原発のことを伝えたか、あるいは伝えなかったかということを切り抜きだけで表現した映画なのですが、『六ヶ所村ラプソディー』で取材したり、いろいろ私を応援してくれたりする過程《かてい》のなかで、土本監督が「鎌仲さんも、そういう作品を一本作りなさいよ」と言ってくれたのです。原子力切抜ファイルブックをドカッとくれたのですが、「えーっ、それはちょっとムリかも。作れないなあ」とか言っていたのですが、今回福島の事故が起きて、メディアのあり方を見ていると、福島に対するメディアのあり方を整理して、それがどうだったかというのを、福島の現地を取材するのではなく、メディアが報道したものの素材《そざい》だけを使って、やってみようかなと思っています。それが、その次の作品になる予定です。予定ですから変わる可能性もありますが。

※『**原発切抜貼**』……土本典昭監督。1982年、45分。2011年DVD発売。1979年のスリーマイル島原発事故、1981年の敦賀《つるが》原発の放射性廃液《はいえき》の流出《りゅうしゅつ》事故を機に、土本典昭監督が長年切り抜きを続けてきた新聞記事のスクラップブックから、〝原子力〟をテーマに企画したドキュメンタリー。当時から問題にされていた原子力発電所や政府の姿勢を日々家々に配達される新聞の記事から読み解き、小沢昭一《おざわしょういち》の軽妙《けいみょう》な語りと新聞記事だけで構成した「シネエッセイ」。斬新《ざんしん》な手法が話題を呼んだ、土本監督の隠れた傑作《けっさく》。（アマゾン・ウェブサイト「商品の紹介」より）

22番の質問の被曝に関しても少し話しましょう。ちょうどイラクに行って帰ってきて5年目にガンになったのですけど、ガン宣告《せんこく》されると、なんでなったかなんてあんまり関係ないのです……、なっちゃったんだから（笑）。だから、自分の命というものがそういう危機にさらされたときに、それをどういうふうに自分が治すのかとか、どう向き合うのか、と考えました。やはり、私はすべての人間の遺伝子《いでんし》にメッセージが書き込まれていて、それは「生命体が持っている寿命《じゅみょう》を生き抜きなさい」というように書いてあると思っているのです。寿命がきたら自然に死ぬのだけど、「それまでは生きなさい」というように書き込まれていると思うので、「生きなさい」と書き込まれているからには、「生きるための力」もすごくたくさんあって、生命体に備《そな》わっているはずだと思うのです。

手術をしなさいと言われましたが、しないで、とにかく「その力をちょっと試《ため》してみるか」ということで、自分の力を総動員《そうどういん》してそのガンを乗り越えるということにしたのです。それは2003年、ちょうど『ヒバクシャ』を編集している最後の段階で宣告されました。そういうなかであの映画を仕上げたので、あの映画の中には私の思い入れがすごく入っているのです。

被曝をしたら、たしかにリスクがあり、ガンになる可能性があり、実際になるかもしれないのだけども、でもそれを乗り越えていく力も私たちのなかにすごくあると思っていて、ぜんぜん手術もせず、いかなる薬も飲まず、健康法だけで治ったのです。それは、自分のなかにそういう力があると信じると出てくるんだよね。みんなのなかにも全部ある、治す力もある。病気になるということももちろんあるけれど、それを治す力もある、いろいろな方法でね。たとえ病気になったからといって、絶望《ぜつぼう》する必要はないのです。

中里見　長時間にわたって、鎌仲さんほんとうにありがとうございました。学生と鎌仲さんのあいだに、すばらしいやりとりが生まれたと思います。鎌仲さんに、盛大《せいだい》な拍手をお願いします。

鎌仲　コラボレーションした時間でしたね。私もコミュニケーションができて、とてもよかったです。

《終了》

あとがき

中里見先生が福島大学で原子力を学ぶというゼミを開講することは簡単なことではなかったでしょうし、さまざまな批判を受けたであろうと想像します。それでもゼミは開かれ、自主的に参加した学生たちと不思議な縁がつながってこうやって読んでいただいたような対話ができました。中里見先生、私を学生たちに出会わせてくれてありがとうございました。

東京電力福島第一原発事故の影響は福島大学に通う、今回のゼミ生たち全員に深い影を落としています。その影の正体を見極め、「知る」「考える」「行動する」という営みによって影から抜け出していただけたらと願っています。

夢を膨らませて大学に入学しようとした、まさにその時に起きた災害をどう捉えるのか、それはあなた方次第なのです。広島と長崎に落とされた原爆のその後に、日本人はきちんと向き合い、人権を獲得するという作業を怠ってきたのではないか、と敢えて私はあなた方に伝えました。同じ道をたどらないためにどうすればいいのか？　それはこれからのあなた方の生き方にかかってくるのです。でも、どうか、一人だと思わないでほしい。私たちは分断ではなくつながりあうことで強くなれるのです。あなたがたが自分自身の言葉を立ち上げてくる、そんな未来を楽しみにしています。

この授業に価値を見出し、出版を決意してくださった子どもの未来社の奥川隆さんの尽力に感謝します。またいろいろと親身に助言をくださった池田香代子さんにも最後に感謝を申し上げます。

２０１２・５・19
鎌仲ひとみ

鎌仲ひとみ（かまなか・ひとみ）

早稲田大学卒業と同時にドキュメンタリー映画制作の現場へ。フリーの映像作家としてテレビ、映画の監督をつとめる。主にNHKで「エンデの遺言―根源からお金を問う」など番組を多数監督。2003年ドキュメンタリー映画「ヒバクシャー世界の終わりに」を監督。2006年「六ヶ所村ラプソディー」は国内外800ヶ所で上映。2010年「ミツバチの羽音と地球の回転」も全国600ヶ所での上映に加え、海外でも上映される。2011年度全国映連賞・監督賞受賞。2012年DVD「内部被ばくを生き抜く」発売。新作「小さき声のカノン－選択する人々」は2015年早春より全国公開予定。 多摩美術大学非常勤講師。京都造形芸術大学客員教授。著作に『原発の、その先へ　ミツバチ革命が始まる』（集英社）、共著に『ドキュメンタリーの力』（子どもの未来社）、『今こそ、エネルギーシフト』（岩波書店）等。

中里見 博（なかさとみ・ひろし）

1966年、福岡市生まれ。現在徳島大学総合科学部准教授。専門は憲法、ジェンダー法学。名古屋大学大学院法学研究科および米国ミネソタ大学ロースクールLL.M.修了。1999年～2012年3月、福島大学行政政策学類准教授。著書に『脱原発のための平和学』（国際基督教大学平和研究所編、法律文化社）、『クローズアップ憲法 第2版』（小沢隆一編、法律文化社）、『ポルノグラフィと性暴力―新たな法規制を求めて』（明石書店）、『憲法24条＋9条―なぜ男女平等がねらわれるのか』（かもがわ出版）など。ポルノグラフィ、売買春を人権と両性平等の観点から批判的に研究する「ポルノ・買春問題研究会」（http://www.app-jp.org）、市民の非暴力行動によって国際紛争の予防・解決をめざす国際NGOの日本グループ「非暴力平和隊・日本」（http://np－japan.org/）などの会員。

子どもの未来社＊ブックレット　No.001

鎌仲監督　VS　福島大学1年生

3.11を学ぶ若者たちへ

発行日　2012年 6月20日　初版第1刷発行
　　　　2014年11月13日　初版第2刷発行

編著者　鎌仲ひとみ
　　　　中里見 博
構成　中里見 博
ブックデザイン・DTP　m9design.inc
イラスト　冨宇加 淳
写真撮影　本書に登場する大学生
編集　粕谷亮美
編集協力　池田香代子
印刷・製本　シナノ印刷㈱
発行者　奥川　隆
発行所　子どもの未来社
〒102-0071 東京都千代田区富士見2-3-2 福山ビル202
TEL03（3511）7433　FAX03（3511）7434
振替　00150-1-553485
E-mail:co-mirai@f8.dion.ne.jp
http://www.ab.auone-net.jp/~co-mirai
ISBN978-4-86412-044-9 C0037

※本書の印税は、被災地支援に使われます。